Rolf C. A. Rottländer · Antike Längenmaße

Rolf C. A. Rottländer

Antike Längenmaße

Untersuchungen über ihre Zusammenhänge

Mit 72 Abbildungen

Friedr. Vieweg & Sohn Braunschweig/Wiesbaden

CIP-Kurztitelaufnahme der Deutschen Bibliothek

Rottländer, Rolf C. A.:
Antike Längenmasse: Unters. über ihre Zusammen-
hänge / Rolf C. A. Rottländer. — Braunschweig,
Wiesbaden: Vieweg, 1979.
ISBN-13: 978-3-528-06851-6   e-ISBN-13: 978-3-322-84339-5
DOI: 10.1007/978-3-322-84339-5

1979

Satz: Vieweg, Braunschweig

ISBN-13: 978-3-528-06851-6

Inhaltsverzeichnis

1 Einleitung

Die Versuche, prähistorische Monumente mit astronomischen Gegebenheiten in Verbindung zu bringen, sind in der Vergangenheit in der Regel auf starke Skepsis der Archäologen gestoßen; nicht zuletzt wohl auch deshalb, weil das Tatsachenmaterial in einem dürftigen Verhältnis zu den bisweilen sehr weitreichenden Folgerungen stand.

Jahrelange Aufmessungen des Ingenieurs *A. Thom* und seiner Mitarbeiter an über 200 Steinkreisen in England, Wales und Schottland (*Thom* 1954, 1955, 1961 a, 1961 b, 1962, 1964, 1966 a, 1966 b, 1967, 1968 a, 1968 b, 1969 a, 1969 b, 1971, 1974) sowie Aufmessungen an den Steinreihen und Steinkreisen in der Bretagne von *A. Thom* zusammen mit seinem Sohn *A. S. Thom* (1971, 1972 a, 1972 b, 1973 a, 1973 b, 1975 a, 1975 b) haben inzwischen ein über jeden Zweifel erhabenes Material erbracht. Danach darf es als sicher gelten, daß zur Zeit der Errichtung der Megalithbauten sowohl ein einheitliches Längenmaß existierte, das mindestens in der Bretagne und auf den britischen Inseln verwendet wurde, als auch, daß astronomische Messungen der Anlaß waren, die Steinsetzungen überhaupt oder die Steinsetzungen in der Weise zu errichten.

Dieses Material hat die an Stonehenge gewonnenen Erkenntnisse von *G. S. Hawkins* (1963, 1964, 1965 a, 1965 b, 1965 c, 1967, 1973, 1974) in den Grundannahmen bestätigt sowie teilweise schon ältere Arbeiten von *R. Müller* rehabilitiert (1931, 1934, 1936, 1939, 1970).

Die Untersuchungen von *Thom* wurden von astronomischer Seite (*Hoyle* 1966 a, 1966 b; *Anderson* 1968; *Cowan* 1970; *Heggie* 1972; *Newham* 1972), von statistischer Seite (*Kendall* 1974) und von archäologischer Seite (*MacKie* 1974) bestätigt.

Dies hatte eine Umorientierung zur Folge, die sich am sinnfälligsten in drei Stellungnahmen von *R. J. C. Atkinson* widerspiegelt, die aus den Jahren 1960, 1966 und 1974 stammen.

1960 schreibt *Atkinson* in seinem bekannten Buch: „Stonehenge" (Pelican book, S. 30):

„The Heel Stone is the subject of one of the most popular and persistent misconceptions concerning Stonehenge, namely that it marks the point of sunrise on Midsummer Day ... Actually, it does nothing of the sort."

1966 zitiert *Atkinson* in dem Aufsatz: „Moonshine on Stonehenge" (S. 212) einen Satz von *Hawkins*: „I think I have demonstrated beyond reasonable doubt that the monument was deliberately, accurately, skilfully oriented to the sun and moon" und meint dazu: „Confidence of this order is a rare and precious possesion, beyond the grasp of most scientists and scholars ..."

1974 schließlich schreibt *Atkinson* in seinem Beitrag: Ancient Astronomy: unwritten Evidence: „It is this contradiction, between the positive evidence for prehistoric mathematics on the one hand ..."

2 Übersicht über die wichtigsten vormetrischen Maßsysteme

2.1 Der Beginn allen Messens

Vom Menschen, dem „Maß aller Dinge", sind die Längenmaße ursprünglich genommen worden. Deshalb trugen sie die Namen seiner Gliedmaßen und unterlagen Schwankungen innerhalb eines bestimmten Bereichs. Längenangaben wie „Fingerbreit", „Fuß", „Elle" oder auch „Rohr" (Rute) waren ursprünglich mit Sicherheit nicht aufeinander abgestimmt.

Es erscheint jedoch voreilig, aus der Tatsache, daß das Mittelalter eine unübersehbar gewordene Zahl von Grundeinheiten der Länge kannte, schließen zu wollen, daß dies immer so und notwendig so gewesen sei. Eine genaue Untersuchung zeigt vielmehr, daß es einmal eine konventionell festgelegte Grundeinheit gegeben hat, die in konventionell festgelegter Weise unterteilt war. Diese Länge wird zu ermitteln versucht und sei vorwegnehmend als „Urmaß" bezeichnet.

Weiter ergibt sich, daß es Versuche zur Vereinfachung waren, die große Kulturkreise veranlaßten, das „Urmaß" aufzugeben. Da diese Kulturkreise keine globale Bedeutung erlangen konnten, war nach etwa 3 000 Jahren eine Vielzahl, allerdings meist kompatibler Maße entstanden. Dem Mißverstehen dieses Zusammenhangs verdankt Europa den Wirrwarr der Längenmaße nach dem Zusammenbruch des römischen Weltreichs. Doch bereits den Sophistikern scheinen diese Zusammenhänge nicht mehr bekannt gewesen zu sein (*F. Heinimann* 1975).

Nichtsdestoweniger bestanden alte Maße noch bis zum Beginn des metrischen Systems fort, ohne größere Fehler als Bruchteile eines Millimeters im Verlauf von etwa 5 000 Jahren mitbekommen zu haben.

2.1.1 Das „Urmaß"

Ursprünglich waren also Fußlängen, Armlängen, Handbreit und Fingerbreit nicht aufeinander abgestimmt. Die Notwendigkeit, diese Vielfalt und damit Ungenauigkeit aufzugeben, ergab sich spätestens beim Bau von Häusern mit Trockenziegeln.[1] Es ist nämlich nicht möglich, ein größeres Bauwerk aus Trockenziegeln aufzuführen, wenn die Ziegel in Länge und Dicke wesentlich voneinander abweichen. Gerade Bauten mit Trockenziegelmauerwerk bedürfen einer relativ häufigen Repa-

---

[1] Um den Gedankengang nicht zu stören, werden die Quellen für die Maßlängen sowie die Fragen einer möglichst genauen Datierung der Verwendung einer Maßeinheit jeweils gesondert behandelt.

ratur. Versuche, die Reparaturen mit einem anderen Ziegelformat auszuführen, sind technisch schlecht. Sie führen rasch zu erneuter Baufälligkeit.

Erfahrungen dieser Art dürften zu zwei Dingen geführt haben, nämlich:

1. Die vereinbarte Längeneinheit, die bei einem größeren Bauwerk verwendet worden war, zu „konservieren", d. h. für die Zukunft aufzubewahren.
2. Das Verhältnis von Elle zu Fuß, und damit auch der Unterteilung bis herunter zur Fingerbreite, festzulegen.

Die Umrechnung, die wir als früheste vorfinden, besagt, daß ein Fingerbreit die kleinste Maßeinheit und Umrechnungseinheit darstellt. Vier Fingerbreit (digiti) ergeben eine Handbreit (palma). Vier Handbreit ergeben einen Fuß (pes), der damit 16 digiti hat. Dreißig digiti ergeben eine Elle (cubitus).

Die teilerfremde Umrechnung von Fuß auf Elle, die ja die beiden wichtigsten Maßeinheiten der vormetrischen Zeit sind, zeugt noch deutlich von dem Kompromiß, der nötig war, um zuvor schon in Gebrauch gewesene Längeneinheiten miteinander zu verquicken. Von diesen ursprünglich verschiedenen Maßen besitzen wir zur Zeit kein Zeugnis, doch mag es durch Vermessen von Trockenziegeln relativ früher Bauten später einmal zu erbringen sein.

Immerhin aber bot dieser Kompromiß soviel einleuchtende Vorteile, daß er sich in der Folge durchsetzte.

Besonders dort, wo eine kulturell besonders aktive Gruppe eine rege Bautätigkeit entfaltete, bestand der Bedarf eines genauen Maßes und wurden seine Vorteile offenkundig. Eine solche Gruppe hat einen starken Einfluß auf ihre Umgebung, die eine verbessernde Neuerung gerne übernimmt, wenn sie entsprechend aufgeschlossen ist. Dies dürfte wohl allgemein der Mechanismus kultureller Entwicklung sein.

Eine hierfür typische Situation ist durch die vor einiger Zeit durchgeführten Ausgrabungen in Tepe Yahya aufgedeckt worden. Nach Meinung der Ausgräber (*Lamberg-Karlowsky* 1971) ist die lokale Entwicklung repräsentativ für so ausgedehnte Gebiete wie Sumer, Akkad, Susa, Elam usf. bis hinüber zum Gebiet der Induskultur.

In der endneolithischen Schicht finden sich kleinere Bauwerke aus handgeformten Trockenziegeln. Die etwa quadratischen Kammern, die Wand an Wand gebaut sind, haben eine Seitenlänge von rund fünf englischen Fuß. Unter Vorwegnahme eines späteren Ergebnisses errechnen sich daraus 3 Ellen zu 508 mm. Doch ist dieser Wert aus zwei Gründen nicht zuverlässig:

1. Das Maß ist glatt in englischen Fuß angegeben.
2. *Eine* Längenausdehnung ist zu wenig, um daraus mit einiger Sicherheit eine Maßeinheit ableiten zu können.

Der regelmäßigen Größe sowie dem *quadratischen* Grundriß ist mit Sicherheit nur zu entnehmen, *daß* gemessen wurde.

Die jüngere Periode V kennt bereits die Verwendung von (niedrig legiertem) Kupfer. Die Ausgräber sprechen von „early bronze age". Die Trockenziegel sind bereits aus der Form gewonnen und haben daher alle gleiches Format: 6 mal 12 inches. Da eine solche Produktion notwendigerweise mehr als ein oder zwei Formkästen voraussetzt, da ein oder zwei Leute unmöglich für eine ganze Bauperiode die Ziegel herstellen können, ist hier bereits ein festes Maß gegeben. Dies impliziert allerdings noch nicht, daß dieses Maß über den lokalen Bereich verbindlich ist.

Rechnerisch ergibt sich aus den Angaben in inches eine Ellenlänge von 506,7 resp. 507,99 mm, unter der Annahme, die Ziegel hätten 9 x 18 digiti eines lokalen Maßstabs gemessen. Doch auch hier ist keine Sicherheit bezüglich der Maßeinheit zu gewinnen, da

1. die Angaben wieder in inches vorliegen, aber an *einer* Ziegel nicht zwei verschiedene Grundlängen zu erwarten sind,[1])
2. nur zwei Maße vorliegen.

(Die Maße weichen untereinander um 0,25 % ab. Bezieht man die Maße auf eine später noch zu begründende Elle von 518,3 mm zu 30 digiti, so betragen die „Meßfehler" 3 mm resp. 6 mm bei einem Format von 152,4 x 304,8 mm).

Die folgende Periode IV C ist durch eine Reihe von Neuerungen gekennzeichnet. Neben der weiteren Verwendung von Kupferlegierungen tritt jetzt die erste Schrift auf. Sie ist protoelamisch und zeigt damit die weitgespannten Beziehungen der Ansiedlung auf. Rollsiegel treten als Abdrücke und auch als solche in einheimischer Produktion auf.

Die Architektur hat sich gewandelt: erstmals findet sich ein großes, repräsentatives Gebäude. Das Format der Ziegel ist verändert: 9,5 x 9,5 x 4,75 inches. Diese Maßangabe ist so genau, daß sie eine zuverlässigere Berechnung gestattet: Es ergeben sich 14 x 14 x 7 digiti einer Elle zu 517,1 mm. (Das Auftreten der in der Antike bevorzugten Siebenzahl gibt eine gewisse zusätzliche Sicherheit in der Interpretation).

Insgesamt wurden in der Schicht Tepe Yahya IV C 90 Tontäfelchen übereinstimmenden Formats gefunden, von denen 6 bei der Ausgrabung sichtbare Schriftzeichen trugen. Die Abmessungen werden mit 2 x 1,33 inches angegeben. Hier ergibt die Berechnung 3 x 2 digiti einer Elle zu 508 mm.

Auch die Periode IV B kennt Rollsiegel und Kupferlegierungen. Wieder hat sich das Maß der Ziegel geändert. Nun treten die Längen 17 und 14 inches auf, wobei die Längen 9,5 und 4,75 inches beinhalten werden. Aus den neuen Werten berechnet sich als Länge einer Elle, wenn man 25 resp. 20,5 digiti voraussetzt, 518,16 resp. 520,39 mm.

Die Maßangaben für einen Raum dieses Niveaus lauten: 9 x 24 engl. Fuß. Umrechnungen mit dem Ziel, eine Elle im bisher angestrebten Bereich zu finden,

---

1) Ellen haben immer eine Länge zwischen 400 und 550 mm. Hier ist zur Berechnung eine Elle von 30 digiti vorausgesetzt, wie sie für jüngere Phasen nachweisbar ist.

ergeben für das Zimmer Abmessungen von 10 Fuß zu 14 Ellen, die Elle zu 514,35 resp. 522,5 mm angenommen.

Scheinbar nimmt die Maßeinheit der Elle nach oben zu, doch muß noch einmal betont werden, daß die wenigen Meßwerte, die zudem recht grob im englischen Maßsystem gegeben sind, es nicht gestatten, mehr zu tun als den Bereich abzuschätzen, in dem die Längeneinheit der Elle zu erwarten ist. Aus den bisher genannten neun Einzelwerten:

508,0 mm	517,1 mm	520,39 mm
506,7 mm	508,0 mm	514,35 mm
507,99 mm	518,16 mm	522,5 mm

ergibt sich ein Mittelwert von 513,7 mm.

Miß man dem Umstand, daß in Sicht IV B die Maße 9,5 und 4,75 der vorausgehenden Schicht beibehalten werden, statistisches Gewicht zu, so folgt der etwas höhere Mittelwert: 514,3 mm für die Elle zu 30 digiti in Tepe Yahyā. Diese genaue Angabe darf nicht darüber hinwegtäuschen, daß damit nur ein Bereich zwischen 51 und 52 cm wahrscheinlich gemacht ist.

Lamberg-Karlowsky stellen die Beziehungen der Periode IV zur Indus-Kultur heraus. Von dort ist das Bruchstück eines kupfernen oder bronzenen Maßstabes bekannt geworden. (Die genauen Angaben zu allen Maßen befinden sich im Anhang). Das Bruchstück ist jedoch so kurz, daß es nicht mehr als eine Elle von ca. 52,0 — 52,5 cm zu rekonstruieren gestattet. Ein anderes Bruchstück eines Maßstabes ist auf einem Stück Muschelschale eingeritzt. Es sind gerade noch acht der kleinsten Einheiten zu erkennen, die nur 6,71 ± 0,13 mm lang sind. Durch die besondere Kennzeichnung der entsprechenden Teilstriche ergibt sich, daß fünf dieser Einheiten eine Obereinheit ergeben, die somit 33,55 mm lang ist. Genau 77 der Untereinheiten ergeben mit 516,67 mm eine Länge in der Nähe der bisher ermittelten Elleneinheit. (Hier sei als auffällig vermerkt, daß 50 Untereinheiten mit 335,5 fast dem pes Drusianus entsprechen. Darauf hat bereits *Skinner* 1967 hingewiesen).

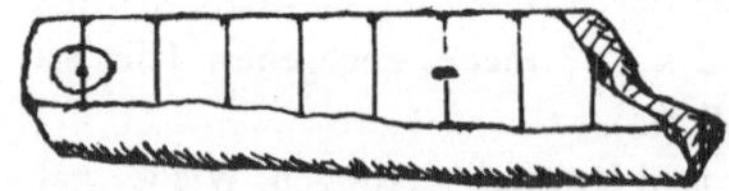

Maßstab von Mohenjodaro, Indus-Kultur; ca. 1:1

In etwa den gleichen Horizont wie Tepe Yahya IV gehören Maße, die sich in Uruk (Warka) ergeben haben. Der älteste im Grundriß erhaltene Tempel, der „Kalksteintempel", mißt 75 x 29 m. Dies entspricht 270 x 105 Fuß, falls man die Elle zu 520,83 und 517,85 mm annimmt. Im sogenannten Säulentempel beträgt der mittlere Durchmesser einer Säule 2,62 m. Wenn die Erbauer einen Wert von 9,5 Fuß beabsichtigten, den Fuß wieder zu 16 digigit gerechnet, so folgt eine Elle von 517,1 mm.

Etwas jünger ist der Tempel C in Warka. Die dort gefundenen Riemchenziegel messen durchschnittlich 16 X 6 cm. Setzt man ihr Maß mit 9,25 zu 3,5 digiti an, so resultiert eine Elle von 516,6 mm. Die Außenmaße des Gebäudes ergaben sich zu 55 X 22 m. Dies entspricht 106 zu 42,5 Ellen, wodurch deren Länge sich zu 518,87 resp. 517,65 mm ergibt. Schließlich fanden sich die Außenmaße des Tempels D zu 83 X 53 m. Dies entspricht 300 X 192 Fuß, woraus sich Ellen zu 518,75 und 517,58 cm errechnen. Mittelt man die in Uruk gefundenen Maße:

520,83 mm	518,87 mm	
517,85 mm	517,65 mm	
517,10 mm	518,75 mm	
516,60 mm	517,58 mm,	so folgt 518,15 mm

für die Elle, deren Länge sich so zwischen 51 und 52 cm stabilisiert.

2.1.2 Die „Nippurelle"

Sicheren Boden gewinnt man erst bei der Auswertung eines im wesentlichen unbeschädigten Maßstabes. Ein solcher wurde im Tempel zu Nippur ausgegraben. *(Unger)*. Seinem Gewicht von ca. 45,5 kg dürfte es letztlich zu verdanken sein, daß er nicht verschleppt wurde. Aus den verschiedenen Einkerbungen von Maßlängen errechnet sich für die Elle ein Mittelwert von 518,6 mm (*Rottländer* 1973). Eindeutig sind die Untereinheiten zu entnehmen: Die Elle hat 30 digiti, der Fuß 16 digiti, die palma 4 digiti und ein „Ziegelmaß" 19 digiti. (Ob aber der Maßstab wirklich aus Kupfer besteht, wie in der Literatur angegeben, muß bis zu einer Analyse unklar bleiben).

Aufgrund dieses Maßstabes war im vorausgehenden Text immer eine Elle zu 30 digiti gerechnet worden und eine Länge um 51–52 cm vorausgesetzt. Würde man jetzt umgekehrt hingehen und jeweils die Länge der Elle als Grundlage voraussetzen und von daher die zu erwartenden Maße an den Objekten ausrechnen, so ergäben sich zu den Angaben aus der Literatur nur Abweichungen um einige Millimeter.

Leider gestattet die damalige Ausgrabungsmethode keine genauere zeitliche Fixierung des Maßstabs. *Unger* stellt ihn in die Mitte des 3. Jahrhunderts. Vom Standpunkt der ^{14}C-Daten liegt dieser Ansatz zu tief. Der Maßstab ist wohl in größere Nähe der Maße von Uruk, Tepe Yahyā und Harappa zu rücken. Da die Maßkerbe des Ellenabstandes nur 518,0 mm beträgt, das Mittel aber bei 518,6 mm liegt, ist damit das Maß der ursprünglichen Genauigkeit angegeben. Vergleicht man damit die Werte von

Uruk,	Tempel C	516,6 mm			
	Säulentempel	517,1 mm			
Tepe Yahyā		522,5 mm	518,2	520,4	517,1 mm,

so stellen diese Werte die zu erwartende Streuung um den Sollwert dar. Ihr Mittelwert liegt mit 518,65 mm beim Mittelwert des aufgefundenen Maßstabs. Darin
wird die Rechtfertigung gesehen, für die verschiedenen Fundorte jeweils eine in
30 digiti unterteilte Elle im Bereich um 51—52 cm anzunehmen. Weiter folgt
daraus, daß die „Nippurelle" ein Exemplar jenes Maßes ist, das ursprünglich zwischen
Mesopotamien und dem Indus verbreitet war. Die weitere Untersuchung ergibt
die Berechtigung, eine Maßeinheit relativ weit in die Zeit hinein als konstant zu betrachten. Die kulturelle Homogenität dieses weiten Gebiets wird immer mehr
herausgearbeitet (*Lamberg-Karlowsky* 1971; *Beale* 1973). Das Auftreten des
Abdrucks eines Rollsiegels selbst in Rumänien zeigt die überaus weite Ausstrahlung
dieses kulturell aktiven Gebiets an (*Hood* 1973).

2.2 Die babylonische Elle und der Maßstab des Gudea von Lagasch

Bereits im 3. Jahrtausend läßt sich in Babylonien eine andere Maßeinheit
nachweisen, die reichlich durch Ziegelmaße und Gebäudedimensionen dokumentiert ist (*Thureau-Dangin* 1921; *Unger* 1927; *Delaporte* 1925). Die Elle ist weiterhin in 30 digiti unterteilt, es gibt ein Fußmaß von 20 digiti, das in 5 palmae unterteilt ist. Daneben existiert die Halbe Elle zu 15 digiti und die „Maurerhand" oder
der Halbe Fuß zu 10 digiti. (*Delaporte* 1925; *Skinner* 1967). Als größere Einheit
gibt es das „Rohr" oder die Rute zu 6 Ellen. Der digitus dieses Systems soll 16,5 mm
lang gewesen sein. (Wie sich im weiteren Verlauf der Untersuchung herausstellen
wird, ist diese Angabe zu ungenau, sie muß vielmehr eine 4. zählende Stelle haben.
Physikalisch ist natürlich die Angabe eines Hundertstel eines Millimeters sinnlos.
Weil aber die längeren Maße durch Multiplikation gewonnen werden, wobei das
10 000-fache eines digitus auftreten kann, muß diese Stelle als Rechengröße mitge-
schleppt werden).
Neben diesem „Fuß" von 20 digiti Länge lebt der Fuß mit 16 digiti weiter
(*Unger*). Nach *Walden* (1931) ist die Länge der babylonischen Doppelelle mit
992,5 mm gleich dem Sekundenpendel in Babylon. Aus der Elle zu 496,25 mm
folgt ein digitis zu 16,54 mm.
Einen sicheren Nachweis der Längeneinheit dieses Maßsystems erbringt eine
der beiden Diorit-Statuen des Gudea von Lagasch, die sich heute im Louvre befinden. Zwar ist auf beiden Statuen ein Maßstab angegeben, doch ist der eine so
verstümmelt, daß mit Sicherheit kein Maß mehr abzugreifen ist. Dem anderen Maßstab läßt sich jedoch mit Sicherheit eine Fußlänge von 264,5 mm entnehmen, wie
sich aus der Literatur ergibt (*Delaporte* 1925; *Unger* 1927). Der Fuß unterteilt
sich in 4 palmae zu je 4 digiti. Hieraus errechnet sich der digitus zu 16,53 mm,
womit die Ansätze von *Walden* und auch *Delaporte* hinreichend bestätigt sind.
(Eine eigene Nachmessung an der Gudeastatue, allerdings nur mit dem Lineal,
ergibt eine palma von 66,5 mm, die einen etwas größeren Fuß von 266,0 mm zur
Folge hat. — Über den Zusammenhang: Gudea-Fuß — Sekundenpendel siehe
Abschnitt 5.3).

Bemerkenswert an den beiden Gudea-Statuen ist indes, daß beide auf dem Corpus Unterteilungen durch waagerechte Linien haben, die dazu dienen, den Raum für die Inschriften aufzuteilen. Diese parallel laufenden Linien sind in insgesamt neun Fällen in einem Abstand von 60 mm gezogen. Dieser Abstand ergibt sich nun durchaus *nicht* aus dem Maßstab, den Gudea auf seinen Knien trägt! Überraschenderweise ergibt er sich aus der Elle von Nippur, indem 3,5 digiti einer Elle von 514,3 mm so lang sind. (Aus der genauen Länge errechnet sich eine Distanz zu 60,47 mm). Über die Ursache dieser Diskrepanz kann man nur Vermutungen anstellen. Wollte vielleicht Gudea, der große Erneuerer, ein neues Maß einführen – vielleicht ein im weiteren Bereich schon benutztes –, während sein Steinmetz halsstarrig am Überkommenen festhielt?

Lagasch gehört zu Sumer, wie Nippur. Im babylonischen Gebiet, also im nördlich gelegenen Akkad, soll der kürzere Fuß zu 264,5 mm schon in „präsargonischer Zeit" verwendet worden sein (*Delaporte* 1925). Der kürzere Fuß ist über das Sekundenpendel mit Babylon verbunden. (Wegen der Abplattung der Erde ist die Länge des Sekundenpendels vom Breitengrad abhängig). Will Gudea vielleicht einen Atavismus und ein Handelshindernis beseitigen, indem er ein anderes Maß einführt? Nur Aufmessungen an Ziegeln und Gebäuden können hier eine Klärung ermöglichen.

2.3   Maßeinheiten in Ägypten

2.3.1 Das ältere ägyptische Maß

Erst mit den Steinbauwerken treten uns in Ägypten heute noch überprüfbare Längenmaße entgegen, obwohl in prädynastischer Zeit die Kenntnis von Maßstäben vorauszusetzen ist (*Skinner* 1967). Dies schon wegen der Feldvermessung und des gegenseitigen kulturellen Austauschs, der zwischen Sumer und Ägypten zur Zeit der Gerza-Kultur faßbar wird.

Für die Zeit der III. Dynastie, besonders für Zoser (auch Djoser und Djeser geschrieben) finden sich in der Literatur Längenangaben verstreut.

Myers (1966) referiert ein Fußmaß[1]) von 274,9 mm, das er mit Bedenken Zoser zuschreibt. Nimmt man den Fuß zu 16 digiti, die Elle zu 30 digiti, so ergibt sie sich zu 515,44 mm.

Iskander und *Badawy* (1965) geben für die Seitenlänge der Umfassungsmauer der Stufenpyramide von Zoser 550 × 280 m an. Wertet man dies als 1060 × 540 Ellen – was immerhin glatte Maße sind –, so resultiert für die ältere ägyptische Elle als Längeneinheit 518,87 resp. 518,51 mm.

Aus einem blinden Fenster derselben Pyramide, das nach *Badawy* (1965) 30 × 13 cm mißt, ergibt sich unter der Annahme, daß es glatte 17 × 7,5 digiti messen soll, eine Elle zu 524,7 mm.

---

1) Die Bezeichnung „Fuß" findet sich in ägyptischen Texten nicht. Andererseits wird eine 4-palma-Einheit, später eine 4,5-palma-Einheit, durchaus benutzt.

Die Pyramide des Sekkenkhet zu Saqqara, die nicht fertig wurde, hat eine Umfassungsmauer, deren Seitenlänge 536×194 m messen soll (*Iskander* und *Badawy* 1965). Falls die Abmessung von 1040×374 Ellen intendiert gewesen sein sollte, so wären die Einheiten mit 515,4 und 518,7 mm zu veranschlagen. Aus diesen Angaben resultiert:

    515,44 mm
    518,87 mm
    518,51 mm
    524,7   mm
    515,4   mm
    518,7   mm
    ——————
$3111,62 : 6 = 518,60$ mm als Mittelwert.

Wenn auch die Ellenwerte aus den Abmessungen der Bauwerke einen bedeutend geringeren Grad an Sicherheit geben als die Ablesung an einem Maßstab, so zeigt doch die Mittelwertbildung die Streuung um ein intendiertes Sollmaß an. Die Streuungen liegen im Bereich dessen, was man vernünftigerweise unter den gegebenen Bedingungen erwarten kann.

F. Petrie (1934) erwähnt (S. 7) einen Maßstab des Zoser, der eine Abstandskerbung von 277,62 mm trägt. Erkennt man darin eine Fußlänge (im Gegensatz zu *Petrie*, der hierin den Abstand von 30 (!) digiti sieht, die dann nur 9,254 mm lang wären), so ergibt sich eine Elle der Länge 520,54 mm. Bezieht man diesen Wert noch in die obige Mittelwertbildung ein, so resultiert eine Elle zu 518,88 mm Länge. Dabei ist eine Unterteilung in 30 digiti ebenso vorausgesetzt wie ein zugehöriger Fuß zu 16 digiti. Mit einem unwesentlichen „Fehler" liegt also das gleiche System vor, wie es sich aus der Elle vom Tempel zu Nippur ergibt. Im Grunde wäre es auch recht erstaunlich, ein eigenes System vorzufinden, wo doch die zeitlich vorausgehenden Kontakte mit Mesopotamien so deutlich sind. Der Weg von dort zum Industal ist immerhin weiter als zum Nil.

Auch wenn es den Anschein haben mag: in der Annahme der intendierten digitus-Werte liegt wenig Willkür. Dies möge das Folgende zeigen: Von der bereits erwähnten Pyramide des Zoser stammen blaue Fayence-Kacheln, die um das ebenfalls bereits erwähnte Fenster herum angebracht waren. Nach *Badawy* (1965) messen sie durchschnittlich 58×36 mm. Diese Abmessungen sind durchaus nicht mit einer Elle um 518 ± 3 mm in Einklang zu bringen, es sei denn, man nähme recht „krumme" Unterteilungen des digitus an. Andererseits ergibt sich aber eine Übereinstimmung mit dem besprochenen babylonischen Maß, wenn man $3,5 \times 2,17$ digiti veranschlagt. Da aber die Kachel *vor* dem Brennen abgemessen wurde und der Trocken- und Brennschwund mit rund 1/8 vorauszusetzen ist (*Rottländer* 1969), folgt für das Rohprodukt ein Format von $4 \times 2,5$ digiti.

Es ist natürlich verlockend, dieses Ergebnis mit einem Import der Kacheln aus Mesopotamien in Zusammenhang zu bringen. Die lokale Fertigung von blauer

Fayence (oft mit Glaspaste oder Fritte bezeichnet; nur der Überzug entspricht der Fayence auf gebranntem Ton) während der Gerza-Zeit mahnt hier allerdings sehr zur Vorsicht.

2.3.2 Das jüngere ägyptische Maß

Vom Mittleren Reich finden sich wenig verwertbare Maßangaben in der Literatur. *Petrie* (1934) referiert (S. 5) zwei „cubit rods", deren Abstände mit 673,1 mm und 679,19 mm allerdings weit über die normale Länge einer Elle hinweggehen. Ihre relative Abweichung voneinander ist mit ca. 1 % für Maßstäbe recht hoch.

Es dürfte berechtigter sein, in den Abstandsmarken jeweils einen Doppelfuß zu sehen, wobei dann die Fußeinheiten 336,55 bzw. 339,595 mm messen würden. (*Skinner* 1967, schreibt, daß gewisse antike Ellenmaße in zwei Fuß unterteilt gewesen seien (S. 5). Wie später noch begründet werden wird, ist ein solcher Fuß als 3/4 einer „kleinen" Elle aufzufassen. Die Maße der zugehörigen Kleinen Ellen betragen 448,73 resp. 452,79 mm. Die Kleinen Ellen wiederum sind 6/7 der Königsellen, die sich im vorliegenden Falle zu 523,52 resp. 528,26 mm ergeben würden.

Vom Neuen Reich sind eine ganze Reihe Originalmaßstäbe vorhanden, z.T. in größeren Fragmenten. (*Lepsius* 1865; *Skinner* 1957; *Rottländer* 1973). Zwei Änderungen gegenüber den ersten Dynastien sind eindeutig festzustellen:

1. Die Unterteilung der Elle hat sich geändert. Sie enthält jetzt nur noch 28 digiti, entsprechend 7 palmae zu je 4 digiti. Der Fuß ist immer noch 4 palmae und somit 16 digiti lang. Gegenüber dem alten Umrechnungsverhältnis Elle zu Fuß wie 30 : 16 ist eine Vereinfachung eingetreten, indem jetzt das Verhältnis 7 : 4 ist. Neben der „großen" oder Königselle hat sich aber noch eine zweite Elle durchgesetzt, die „kleine" Elle zu 6 palmae und somit 24 digiti. Dadurch verhält sich jetzt Elle zu Fuß wie 3 : 2. Andersherum ausgedrückt: Die Elle ist das Anderthalbfache des Fußes. Diese Kleine Elle ist diejenige, die im täglichen Leben allgemein verwendet wird.
2. Die andere Veränderung betrifft die absolute Länge des Fußes resp. der Königselle. Wächst schon der digitus dadurch, daß das ursprüngliche Maß von 518,6 mm (entspr. der Elle von Nippur) nicht mehr durch 30, sondern nur noch durch 28 geteilt wird, was rechnerisch auf einen digitus von 18,52 mm führt, so wächst auch die Länge der Elle selbst auf Werte bis zu 525 und sogar 527 mm. (Dazu später Genaueres). Damit ist sie scheinbar zunächst mit dem alten mesopotamischen Maß inkompatibel geworden, doch war es zu dieser Zeit ja längst durch das Maß ersetzt, das sich an der Statue des Gudea findet. (Was bei diesen Vorgängen Ursache und Folge war, wird später behandelt). Es bleibt festzuhalten, daß aus dem Wert für den digitus von 18,52 direkt der römische digitus abzuleiten ist. Weiter folgt daraus ein Fuß zu 296,32 mm und eine Kleine Elle zu 444,48 mm.

Die realen Maßstäbe dagegen haben für die Ellen folgende Längen:

523,5 mm	Amenhotep I	(*Skinner* 1957)
525,0 mm	Wesir des Amenhotep I	(*Skinner* 1957)
523,0 mm	Akhenaten	(*Skinner* 1957)
523,6 mm	Neues Reich; Bruchstück	(*Lepsius* 1865; *Rottländer* 1973)

Aus der Elle zu 523,6 mm, von der ja auch aus dem Mittleren Reich ein Exemplar vorliegt, ergibt sich

eine Kleine Elle von	448,8 mm
ein Fuß von	299,2 mm
ein digitis von	18,7 mm

Diese Längen scheinen für das Mittlere und Neue Reich verbindlich gewesen zu sein.

Neben dieser Königselle hat noch eine andere Maßeinheit, der „remen" existiert, wie *Petrie* (1934) ausführt. Diese Maßeinheit soll vornehmlich in der Feldvermessung verwendet worden sein. Der „remen" steht, nach der gleichen Quelle, in einem berechenbaren Verhältnis zur Königselle, indem in einem Quadrat mit der Seitenlänge von einer Königselle die Diagonale gleich zwei „remen" lang ist. Folgt man weiter *Petrie*, dann ist ein Vierzigstel dieser Diagonale eine neue Grundeinheit, die mit einem digitus zu bezeichnen ist.

In Zahlen sieht das so aus: Mittelt man die Maßstäbe des Neuen Reiches und nimmt denjenigen des Mittleren Reiches hinzu, der der Längeneinheit des Neuen Reiches entspricht, so erhält man

$$
\begin{array}{l}
523,52 \text{ mm} \\
523,5 \ \ \text{ mm} \\
525,0 \ \ \text{ mm} \\
523,0 \ \ \text{ mm} \\
\underline{523,6 \ \ \text{ mm}} \\
2618,62 \text{ mm} : 5 = 523,724 \text{ mm.}
\end{array}
$$

Rechnet man mit diesem gemittelten Wert für die Länge der Elle nach Pythagoras die Diagonale aus, so ergibt sich 740,658 mm.
Ein Vierzigstel davon ist 18,516 oder aufgerundet 18,52 mm. Dieser Wert war bereits aufgetaucht, als die Länge der Elle des Zoser statt durch 30 wie vorher nur noch durch 28 geteilt wurde. Worauf dieser Zusammenhang beruht, wird später besprochen.

2.4   Maße in Palästina und Phönizien

2.4.1 Palästina

In Kafr abîl in ağlûn ist eine Anlage von vier Dolmen, die in einem kreisförmigen Hügel stecken, der durch einen Steinkranz gegen das Abfließen der Erde gesichert ist. Der Umfang ergibt sich mit 25,94 m aus dem Durchmesser von 8,257 m.

Der Durchmesser entspricht 16 Ellen von 516,1 mm, der Umfang 50 Ellen zu 518,8 mm. (Wegen der Formel für den Umfang $U = 2r\pi$ kann die Elle nicht in beiden Fällen gleich lang sein). Der Mittelwert entspricht einer Einheit für die Elle von 517,45 mm.

Auf diese Anlage wird noch im Zusammenhang mit dem megalithischen Yard (MY) zurückzukommen sein.

Für das 1. Jahrhundert referiert *Segré* (1945) folgende Maße:
Dem täglichen Gebrauch dient eine Elle zu 444,25 mm, die üblicherweise in zwei Spannen zu 222,12 mm unterteilt ist. Daneben ist die Unterteilung in 6 Handbreit (palmae) üblich, die 74,04 mm ergibt. Ihre Vierteilung ergibt digiti von 18,51 mm Länge.

Der Prophet Ezechiel dagegen kennt eine besondere Elle (Ez. 40, 5; 43, 13), die um eine Handbreit größer ist als die normale Elle. Daraus resultiert ein Maß von 518,29 mm, welches der älteren ägyptischen Königselle entspricht. Halbiert ergibt es eine Spanne von 259,14 mm, die zugehörige palma entspricht mit 74,04 mm natürlich der palma des Maßes für den täglichen Gebrauch.

2.4.2 Phönizien

Nach *Feldhaus* (1965) und *Forrer* (1908) beträgt die phönizische gemeine Elle 443,4 resp. 443,5–444,4 mm, woraus sich ein Fuß zwischen 295,33 mm und 296,27 mm ergibt. Dies entspricht etwa den Verhältnissen in Palästina, wie dies auch zu erwarten ist. Für beide Gebiete ist somit der digitus von rund 18,5 mm die kleinste Längeneinheit.

2.5   Maße des anatolischen und ägäischen Bereichs

2.5.1 Anatolien

Messungen an den besonders sorgfältig gearbeiteten Deckelgefäßen der Yortan-Kultur (oft befindet sich im Innern dieser Gefäße noch ein Rest hochroter Ocker) haben zu dem Ergebnis geführt, daß sie bereits nach Maß hergestellt waren. Es ergab sich eine zwanglose Übereinstimmung mit dem digitus einer Elle von ca. 518,5 mm (*Rottländer*, bisher unpubliziert).

Die geringe Stückzahl solcher Gefäße läßt natürlich keine große metrische Genauigkeit zu, so daß aus ihnen nicht selbständig ein Maß abgeleitet werden kann. Da die Yortan-Ware in direkter Abhängigkeit von Troja zu sehen ist, dürften die an ihr gewonnenen Erkenntnisse auch für Troja zutreffen.

2.5.2 Kreta

Im 1. Palast von Phaistos (Magazin) ist ein Maß von 3340 mm viermal repräsentiert. Veranschlagt man dies auf 12 Fuß, so erhält er eine Länge von 278,33 mm. Daraus errechnet sich die Längeneinheit der Elle zu 521,87 mm, wenn man sie zu 30 digiti veranschlagt. Dies liegt zwischen der Einheit von Nippur und der jüngeren ägyptischen Königselle.

Die Aufmessungen gehen auf *Graham* (1960) zurück, der im Abstand von 3340 mm eine Distanz von 11 Fuß erblickt. Führt man aber Fehlerrechnungen durch, so ergibt sich, daß zur Einheit von Nippur die kleineren Fehlerquadrate auftreten.

Eine Zusammenstellung von 30 Maßen von Kleinfunden und kleineren Objekten, hauptsächlich des minoischen Einflußbereichs (Kreta, Thera), ergibt eine Häufigkeitsverteilung um die digitus-Marken einer Elle von 518,5 mm.

Auch hier wird wieder nicht das Maß aus den Funden hergeleitet, sondern überprüft, inwieweit die aufgefundenen Maße mit einem vorgegebenen System kompatibel sind.

2.5.3 Griechischer – Großgriechischer Bereich

Die zahlreichen Reste griechischer Bautätigkeit haben seit langem auch Architekten zu einer intensiven Beschäftigung mit den Ruinen und deren Abmessungen geführt. Deshalb bietet die Literatur hier reichlich Angaben von Maßeinheiten. Weder die Benennung der Einheiten noch ihre absolute Länge ist einheitlich, jedoch kann darüber kein Zweifel bestehen, daß der Fuß zu 4, die Elle zu 6 palmae gerechnet wurde, diese aber zu 4 digiti.

Die relativ späte Zeit, um die es hier geht, hatte verschiedene Abwandlungen des früheren Maßes kennengelernt, und gerade im griechischen Bereich kreuzten sich die Ideen und Einflüsse vieler Kulturen. So ergibt sich eine zunächst verwirrende Situation bei den Einheiten. *Feldhaus* (Neudruck 1965) kennt folgende Maßeinheiten:

Äginetischer Fuß	333,0	mm
Olympischer Fuß	320,5	mm
Attischer Fuß	295,7	mm

Skinner schreibt (1953):

Olympischer Fuß	309,0 mm
„gemeiner" Fuß	316,29 mm

Myers (1966) führt auf:

Olympischer Fuß	309 mm
Pythischer Fuß	240,3 mm
Attischer Fuß	295 mm

Hultsch (1882) gibt an:

Attischer Fuß	308,3 mm

Forrer (1908) kennt einen Kretisch-Äginetischen Fuß 333 mm lang. *Dinsmoor* (1902) führt eine ganze Liste von Maßen auf, aus denen diese herausgegriffen seien:

Tempel Samos	513,0 mm pro Elle
Tempel Polykrates	524,5 mm pro Elle
Tempel Artemision	521,6 mm pro Elle

Hoepfner (1973) ermittelte als Maßeinheit eines Grabmonuments, das Pythagoras zugeschrieben wird, 2086 mm. Dies sind 4 Ellen zu 521,5 mm.

Petrie (1934) bringt ebenfalls eine ganze Anzahl von Einheiten:

	Fuß
Griechenland	316,23 mm
Ägina	314,96 mm
Milet	317,75 mm
Athen	315,98 mm
„griechisch"	308,61 mm
Parthenon	296,93 mm
„Griechenland"	339,34 mm

Diese Vielfalt auf engem Raum dürfte kaum praktikabel gewesen sein, und tatsächlich zeigt ein näheres Hinsehen schon, daß hier Fehlerabweichungen zu intendierten Maßen als repräsentativ genommen sind, so daß es sinnvoll erscheint, Gruppen zusammenzufassen. Eine Untersuchung an schwarzfiguriger und rotfiguriger Ware (*Holzhausen* und *Rottländer* 1970) zeigt denn auch, daß sich die Fehler individueller Maßstäbe ausmitteln. Für die Töpferware zumindest läßt sich der verwendete Fuß mit 310,4 mm angeben.

Als Fehlerabweichungen hierzu sind wohl aufzufassen:

Olympischer Fuß	309,0 mm	*Skinner; Myers*
Attischer Fuß	308,3 mm	*Hultsch*
Griechischer Fuß	308,61 mm	*Petrie*

Der von *Feldhaus* und anderen aufgeführte ptolemäische Fuß paßt mit 308 mm in diese Reihe.

Eine zweite Gruppe von Maßen liegt etwa um einen halben bis ganzen Zentimeter höher, wobei ihre Homogenität nicht sicher ist! Folgende Zusammenstellung ergibt sich:

Olympischer Fuß	320,5 mm	*Feldhaus*
Milesischer Fuß	317,75 mm	*Petrie*
Griechischer Fuß	316,23 mm	"
Athenischer Fuß	315,98 mm	"
Äginetischer Fuß	314,96 mm	"
„gemeiner" Fuß	316,29 mm	*Skinner*

Die nächste Gruppe von Einheiten schart sich um ein Maß, das uns schon im Mittleren Reich mit 336,55 mm begegnet war:

Äginetischer Fuß	333,0 mm	*Feldhaus*
Äginetischer Fuß	333,0 mm	*Forrer*
Griechischer Fuß	339,34 mm	*Petrie*

Schließlich bleibt noch eine Gruppe übrig, die in der Nähe des römischen Fußes liegt: (pes Romanus 296,17 mm)

Attischer Fuß	295,7 mm	*Feldhaus*
Attischer Fuß	295,0 mm	*Myers*
Parthenon	296,93 mm	*Petrie*

Der Pythische Fuß fällt mit 240,3 mm keiner dieser Gruppierungen zu.

2.6 Die Maße des römischen Reiches

Die im römischen Reich verwendete Maßeinteilung sowie auch die Maßeinheit ist uns in ungebrochener Tradition überkommen. (Gegenteilige Auffassungen ziehen Abweichungen an mittelalterlichen Maßstäben heran, die aber genauso bereits für das römische Kaiserreich nachweisbar sind; (*Rottländer* 1971). Evtl. sind uns diese fehlerhaften Maßstäbe überkommen, weil sie außer Gebrauch geraten waren. Das Kölner Stadtmuseum bewahrt unter dem reichen Erbe dieser für Waagen,

Gewichte und Maßstäbe einst berühmten Stadt einen aus Messing gefertigten Maßstab auf, bei dem unter anderem auch das römische Maß, als solches gekennzeichnet, mit haarfeinen Strichen völlig genau aufgetragen ist).

Ursache für diese Kontinuität dürfte neben der ehemals großen räumlichen
Ausdehnung des römischen Reiches auch die lange Existenz des oströmischen
Reiches gewesen sein. Im Westen ist an seine Stelle die kirchlich-klösterliche Über-
lieferung getreten. Sie war so lange der wesentliche Traditionsträger, bis sich der
Kaiser und nach ihm die Reichsstädte wieder um das römische Maß bekümmerten.

Beispiele für das Überdauern des römischen Maßes ins Mittelalter hinein
sind die militärische Anlage von Trelleborg, Dänemark und die Orgel in der Kirche
zu York, England. Diese Beispiele liegen außerhalb des Bereichs, den die Reform
Karls des Großen erreichte.

Abwegig ist daher die Anschauung von *Nowotny* (1931), daß die Einheitslänge des römischen Fußes im Verlaufe der Geschichte abgenommen habe. Messungen an provinzialrömischer Keramik des 1.–4. nachchristlichen Jahrhunderts
zeigten eine in dieser Zeit unveränderte Fußlänge (*Rottländer* 1966, 1967, 1969,
1976).

Der Fuß war die Basis des römischen Maßsystems. Er war 296,17 mm lang.
Einmal war er in 16 digiti von 18,51 mm Länge, andererseits aber auch in 12
unciae (Unzen) von 24,68 mm Länge unterteilt. Aus dem römischen Fuß, dem
pes monetalis, ergibt sich durch Addition von 2 digiti = 37,02 mm der sogenannte
Drusianische Fuß zu 333,19 mm Länge. Diese Rechenvorschrift ist aus der Antike
überliefert. Der Drusianische Fuß hat somit 18 römische digiti.

Die Elle des römischen Systems ist das Anderthalbfache des Fußes und daher
444,25 mm lang. Sie ist damit genau vier Drittel des Drusianischen Fußes lang.

Aus diesen Zusammenhängen ergibt sich, daß 6 Ellen gleich 8 Drusianische
Fuß und 9 römische Fuß sind.

Der Drusianische Fuß fand vornehmlich in den gallischen und germanischen
Provinzen Verwendung. (Es scheint, daß ein Teil der terra nigra nach diesem Maß
getöpfert ist; *Rottländer* 1966)

2.7 Nachrömische Maße in Europa

Neben dem römischen Maße, das auch weiterhin verwendet wurde, kam das
sogenannte Langobardische Maß auf, das auch pes Liutprandi genannt wurde und
ca. 285–290 mm messen soll. Nach *Kottmann* (1971) wurde es dem Bau der berühmten Torhalle von Lorsch zugrunde gelegt. (1.c. S. 20–24). Dieser Fuß läßt
sich als fehlerhafte Abweichung zum pes monetalis betrachten und soll nicht
weiter behandelt werden.

Erwähnung verdient es allerdings, daß Karl der Große, der die langobar-
dischen Baumeister ins Land geholt hatte, eine Maß- und Gewichtsreform durch-
führte. Das Längenmaß wurde in Anlehnung an den einheimischen Drusianischen
Fuß auf 324,84 mm festgesetzt. Damit fiel es aus dem System der Umrechnungs-

möglichkeiten mit dem pes monetalis heraus. Auf lange Sicht entstand dadurch das Durcheinander der Längenmaßeinheiten in Europa.

Inwieweit der Bericht zutrifft, Harun al Raschid habe Karl dem Großen ein geeichtes Maß überbringen lassen (nach *Skinner* 1967, die Hashmi-Elle von 649 mm), sei dahingestellt. Eines macht dieser Bericht aber deutlich: Die Araber wußten offensichtlich noch darum, daß man sich um das „richtige" Maß bemühen muß, d. h. daß es von alters her überkommen ist und daß man es fehlerfrei bewahren muß. Karl der Große aber glaubte, daß er es kraft Amtes „richtig" festsetzen kann, und so legte er den „pied du roi" für etwa 1000 Jahre fest. Auch dieser Fuß erfährt bald Abweichungen, wie es durch den „Hocheltenfuß" mit 323 mm beispielsweise dokumentiert ist (*Binding* und *Jansen* 1970).

Den weiteren Abweichungen und ihren Begründungen nachzuspüren, ist nicht Aufgabe dieser Untersuchung. Genaueres findet sich bei *Skinner* 1967.

2.8 Ein bronzezeitliches Maß

In seiner Schrift über neue Ausgrabungen in Rotenburg legt *Dehnke* (1970) eine neu aufgefundene Maßeinheit vor, deren Vielfaches eines Strecke von 1,43 m sein soll. Er errechnet daraus einen Fuß zu 286 mm, eine Elle zu 429 mm und einen digitus zu 17,875 mm.

Mit einer Abweichung um 3,378 % gegenüber dem römischen System, welches ja auf dem jüngeren ägyptischen beruht, scheint doch etwas anderes als eine einfache Fehlerabweichung vorzuliegen.

Einstweilen bereitet dieses Maß beträchtliche Schwierigkeiten bei der Zuordnung zu anderen Systemen. Das nächstliegende Maß wird von *Petrie* (1934) mit 287,0 mm angegeben und bezieht sich auf Felsengräber in Jerusalem.

3 Das Megalithische Yard

3.1 Das Megalithische Yard auf den Britischen Inseln

Thom hat durch seine jahrlangen kritischen Aufmessungen an über 200 Steinkreisen der Britischen Inseln das sogenannte „Megalithische Yard" ermittelt, dessen Länge er mit 829 mm angibt. Darüber hinaus stellte er fest, daß mit bestimmter Regelmäßigkeit das Zweieinhalbfache davon als Einheit verwendet wurde, d. h. eine Grundlänge von 2072,5 mm. Weiter stellte er an den sogenannten „cup and ring marks" fest, daß auch noch eine Unterteilung von einem Vierzigstel des Megalithischen Yards (MY), der megalithische inch (mi), auftritt (*Thom* 1969). Diese Einheit für kleine Längen ist 20,73 mm lang.

Statistische Untersuchungen, die *Kendall* (1974) am Zahlenmaterial von *Thom* durchgeführt hat, erbrachten eine Länge von 1658,72 mm als ein Maß, das sich mit über 99,9 %iger Sicherheit über statistisch zufällige Längen hinaushebt. Die Hälfte hiervon, nämlich 829,36 mm, entsprechen dem Megalithischen Yard (MY).

3.2 Das Megalithische Yard in der Bretagne

Jüngst haben *A. Thom* und sein Sohn *A. S. Thom* (1971 ff.) Messungen an den Steinsetzungen der Bretagne ausgeführt, wobei natürlich die Alignements im Vordergrund der Bemühungen standen. Hierbei gestatteten es die Steinreihen von Le Menec, die verwendete Maßeinheit besonders genau zu bestimmen. Die Autoren geben als Bestwert 0,8293 ± 0,0004 m an (*Thom* und *Thom* 1972a, S. 25). Dies stimmt bis auf vier Stellen mit dem nach statistischen Verfahren gewonnenen Wert überein! Ebenfalls in der Bretagne wurde das 2,5-fache des MY gefunden, welches nach *Thom* und *Thom* 2,073 ± 0,001 m lang ist. Natürlich waren neben den Alignements auch Steinkreise in die Untersuchungen miteinbezogen.

Eine eigene Nachmessung am ehemals größten, jetzt in vier Teile zerbrochenen Menhir neben dem „Table de marchands", Locmariaker, ergab für seine Länge 19,90 m. 24 MY zu 0,8293 m ergeben 19,9032 m. (Der Name des Menhirs wird von *Thom* mit Er Grah angegeben, sonst häufig mit Men-en-hroëck).

3.3 Das Megalithische Yard in Deutschland

R. Müller (1970) führte für die Steinkreise von Odry in der Tucheler Heide (Westpreußen) Testrechnungen durch. Dabei ergab sich als wahrscheinlichster Wert mit einer Sicherheit von 99,5 % eine Länge von 827 ± 35 mm. Die Fehlererwartung überdeckt völlig das Gebiet, in dem der Bestwert von *Thom* liegt.

Weitere Aufmessungen sind in Deutschland bisher nicht mit der notwendigen Genauigkeit durchgeführt worden.

3.4 Das Megalithische Yard auf der Iberischen Halbinsel

Messungen mit dem Ziel, ehemals verwendete Maße zu rekonstruieren, liegen auch von der iberischen Halbinsel nicht vor.

Die sehr eingehende Behandlung der Megalithgräber bei *Leisner* und *Leisner* (1943, 1959, 1965) bringt indes eine Fülle von Maßangaben.

Der Durchmesser des Grabes Los Millares 40 beträgt etwa 6,20 m. Der Vergleich mit dem Megalithischen Yard ergibt: $3 \times 2,5$ MY = 6,219 m.

Für das Steinoval von Llano del Jautón fand sich die große Achse zu 7,25 m, die kleine wieder zu 6,20 m. Damit ist die große Achse etwa 8,75 MY und die kleine Achse 7,5 MY lang. (Rückwärts gerechnet ergäbe sich für den Durchmesser 7,256 m).

Alle Maßangaben, die bei *Leisner* zu finden sind, wurden rechnerisch aufgeschlossen (vgl. Anhang). Es stellte sich dabei heraus, daß — und hier muß bereits ein Teil der gesamten Untersuchung vorweggenommen werden — das Grundmaß von 518,6 mm die beste Entsprechung zu den Maßen liefert, während oft ein Einklang mit dem Megalithischen Yard feststellbar ist. Es ergibt sich nämlich aus den beiden soeben angeführten Steinsetzungen folgendes:

1. Los Millares, Grab 40
   Einerseits ergeben $3 \times 2,5$ MY 6,219 m (gefunden 6,20 m), andererseits sind 12 Ellen des „Urmaßes" 6,219 m, wenn man die Elle zu 518,3 m rechnet. 12 Ellen sind aber gleich zwei Rohr des mesopotamischen Systems, so daß sich der Durchmesser des Kreises zu einem Rohr ergibt.
2. Llano del Jautón
   Die kleine Achse ist nach der vorausgehenden Rechnung 2 Rohr lang. 14 Ellen des Urmaßes zu 518,3 m entsprechen 7,256 m; gefunden wurde 7,25 m.

3.5 Das Megalithische Yard in Palästina

Die unter 2.4 schon einmal behandelte Steinsetzung von Kafr abîl muß hier noch einmal erwähnt werden. Ihr Durchmesser beträgt 8,257 m. Offensichtlich sind dies 10 = $4 \times 2,5$ MY eines etwas zu kurz geratenen Maßstabs. Der Fehler liegt bei 0,4 %.

Der Umfang sollte nach den Untersuchungen *Thom*'s ein Vielfaches von 2,5 MY ergeben. 25,94 m entsprechen 31,25 MY von 0.83048 m Länge. Auf eine „Rute" von 2,5 MY bezogen ergeben sich 12,5 solcher Einheiten.

Da wegen den Eigenschaften der Ludolfschen Zahl π ohnehin keine Übereinstimmung in den beiden Yard-Längen auftreten kann (siehe auch *Thom* passim), darf gemittelt werden. Das gefundene Mittel: 0,82789 m liegt in unmittelbarer Nähe des Werts von *Thom*: 0,8293 (Fehler 0,1700 %).

4 Datierungen

4.1 Chronologische Betrachtung

Bei der Vorlage der Maße ließ es sich nicht vermeiden, bereits einige Umrechnungen vorzunehmen, deren Begründung erst später dargelegt werden kann. Ebenso waren relativchronologische Angaben innerhalb eines Gebiets nicht zu umgehen.

Will man den methodischen Fehler umgehen, ein älteres Maß aus einem jüngeren abzuleiten, so muß man über die Verwendungszeit eines bestimmten Maßes zu hinreichend genauen Vorstellungen kommen. Dies ist keineswegs immer einfach, da ja noch immer eine Diskussion über die Tragfähigkeit der ^{14}C-Daten geführt wird. Weil aber nur für Ägypten eine zuverlässige Kalenderdatierung bis um 3100 v. Chr. gegeben ist, soll versucht werden, sich mittels ^{14}C-Daten in diese Chronologie einzuhängen. Es dürfte ja doch unbestritten sein, daß gleichen ^{14}C-Daten überall auch gleiche Kalenderdaten entsprechen. Immerhin treten gegenüber den Kalenderdaten die Fehlerbreiten der Kohlenstoff-Methode unangenehm auf, besonders da, wo die Eichkurve nach *Suess* „wiggles" aufgezeigt hat. Hier können 2 oder 3 Kalenderdaten einem ^{14}C-Datum entsprechen. Bedauerlicherweise liegt nun gerade ein solcher Fall für die Zeit um 3000 v. Chr. vor, d. h. einem ^{14}C-Datum von 4 300 BP kann ein Kalenderdatum von 3 000, 3 300 oder 3 400 Jahren entsprechen. Da aber die Verwendung eines Maßes sich da, wo es leicht zu kontrollieren ist, über Jahrhunderte erstreckte, darf dies auch für Zeiten angenommen werden, die nur ungenau datiert werden können.

Die ägyptische Chronologie ist auf der Basis astronomischer Gegebenheiten in Verbindung mit schriftlicher Überlieferung bis rückwärts zur XII. resp. XI. Dynastie als im wesentlichen gesichert anzusehen. Die X. Dynastie läuft der XI. etwa parallel, während die Dauer der IX. Dynastie nur auf etwa 30 Jahre geschätzt werden kann. Die Dauer der VIII. bis I. Dynastie ist wieder in Jahren bekannt, so daß man auf diesem Wege auf ein Datum von 3119 v. Chr. für den Beginn der I. Dynastie gelangt. Selbst wenn man im Extrem der IX. Dynastie keine Dauer zugesteht, d. h. sie als parallel zu einer anderen betrachtet, und wenn man der XI. Dynastie nur die geringstmögliche Dauer von 120 Jahren zuerkennt, kommt man vernünftigerweise nicht unter einen Ansatz von 3119 − 53 = 3066 Jahre v. Chr. (*Edwards* 1970).

Für Mesopotamien sieht die Situation wesentlich ungünstiger aus. Wirklich verläßliche Daten sind nur bis zur Mitte des 2. Jahrtausends v. Chr. aus astronomischen Angaben im Zusammenhang mit Königslisten zu gewinnen.

Die älteren, in sich kohärenten Königslisten sind in ihren Endpunkten nur unter gewissen hypothetischen Annahmen einzuhängen. In der Fachwelt hat sich eine sogenannte „mittlere Chronologie" (*S. Smith; M. Sidersky*) durchgesetzt. Sie bringt indes Schwierigkeiten, wenn man das früheste Auftreten der Rollsiegel betrachtet (*Smith* 1940).

Rollsiegel treten mit der Jemdet-Nasr Periode auf, evtl. schon etwas früher zu Beginn des späten Uruk. Nach der „mittleren Chronologie" ergibt sich für Jemdet-Nasr ein Zeitraum von ca. 3000 bis 2800 v. Chr. (*H. Kühn* 1963, gibt sogar einen so tiefen Ansatz wie 2800—2600 für die Jemdet-Nasr Periode. 3000—2750 findet sich bei *G. Roux* 1964; 3100—2800 als älteste, 2900—2750 als jüngste Möglichkeit bei *V. Milojcic* 1965; 2800—2700 bei *Falkenstein* 1965).

Nun tauchen aber Rollsiegel sowie deren Abdrücke nicht erst in der späten Gerza-Kultur auf. Die Gerza-Kultur endet mit der I. Dynastie, also gegen 3100 v. Chr. In Ägypten wird der Beginn der Gerza-Kultur um 3500 v. Chr., z.T. sogar noch viel früher angesetzt. Damit ist mit dem Auftreten der Rollsiegel in Ägypten spätestens um 3400 bis 3300 zu rechnen.

Bis nun nach ihrer „Erfindung" die Rollsiegel sich im Gebrauch so durchgesetzt und verbreitet hatten, daß sie auch im fernen Ägypten bekannt wurden, ist auch eine gewisse Zeit verstrichen, so daß man aufgrund dieser Überlegung dahin kommt, daß man um 3500 v. Chr. in Mesopotamien Rollsiegel kannte.

Weil die Rollsiegel nun gut aus dem Zusammenhang spätes Uruk/Jemdet-Nasr bekannt sind, kann der Beginn von Jemdet-Nasr kaum später als 3500 v. Chr. liegen.

Diese Differenz von rund 500 Jahren gegenüber der „mittleren Chronologie" zeigt die großen Unsicherheiten in einem Zeitabschnitt, für den keine Kalenderdaten mehr zu erhalten sind, weswegen sowohl der Beginn der Gerza-Kultur als auch der Beginn von Jemdet-Nasr nach kulturhistorischen Überlegungen eine Abschätzung bleibt. Daher sollte das Folgende nicht zu sehr verwundern.

In TepeYahyā jedenfalls ist aus der Schicht IV C, in der erstmals Rollsiegel auftauchen, ein ^{14}C-Datum von 3560 ± 110 BC ermittelt worden. *Hood* (1973) hat den Abdruck eines Rollsiegels aus Rumänien behandelt, den er in den Kontext der Vinča-Tordos-Phase stellt. Diese Phase endet nach 3630 ± 60 BC (GrN—1974).

Das Datum von 3560 ist von *Lamberg-Karlowsky* 1971 veröffentlicht worden, weswegen eine Korrektur nach den Jahrringen der pinus aristata noch nicht vorgenommen worden sein dürfte. Dies ist für das Datum aus Groningen sicher der Fall. Die Korrektur hebt beide Daten über die 4000-Jahre-Marke. *Hood* (1973) wendet sich aus archäologischen Gründen dagegen. Allerdings fußen seine Überlegungen auf der „mittleren Chronologie" für Mesopotamien. *Milojcic* (1965) referiert für den Tempel C der Schicht IV a von Uruk ein ^{14}C-Datum von 2815 ± 85 BC. Selbst nach der Korrektur nach *Suess* erscheint es mit ca. 3600 BC recht spät, verglichen mit den beiden anderen Daten.

In einer Studie über Handelsbeziehungen stellt *Beale* (1973) die Gleichzeitigkeit von der Schicht IV C in Tepe Yahyā mit der Spät-Uruk/Jemdet-Nasr Periode heraus. Es scheint demnach, daß die protoliterarische Periode doch recht lang gewesen ist und der Beginn von Jemdet-Nasr noch ins Ende des 5. Jahrhunderts gesetzt werden muß.

Zu diesem Bild paßt es, wenn in Palästina in der frühen Bronzezeit I bereits Rollsiegel auftreten (*Hood*). Für die unmittelbar vorausgehende Periode liegt ein über Kohlenstoff gewonnenes Datum von 3260 aus Jericho vor, das nach Korrektur bei ungefähr 4000 v. Chr. liegt. Nach *Hood* liegen tönerne Rollsiegel ebenfalls aus Troja II vor. Für ein spätes Troja I gibt es ein Datum von 2025 ± 92 (P 273), das nach Korrektur um ca. 2600 v. Chr. liegt. Dies zeigt, wie spät Nordwestanatolien von der Verbreitung der Rollsiegel erfaßt wird.

Offensichtlich muß eine stilistische Untersuchung der Rollsiegel vorangehen, wenn man ihr erstes Auftreten in einem bestimmten Gebiet als chronologisches Kriterium werten will.

Abgesehen davon, ob man die frühe Datierung der Rollsiegel nach den ^{14}C-Daten akzeptiert oder nicht, ist es wichtig herauszustellen, daß das Auftreten der Rollsiegel mit den ersten, wenn auch nur gröber faßbaren Längeneinheiten zusammenfällt. Da nun der Maßstab aus dem Tempel zu Nippur in Einteilung und Einheit offensichtlich diese frühen Maße repräsentiert, wird er zum Ausgangspunkt aller Untersuchungen gemacht. Er ist damit sicher älter als das Maß, das sich an der Gudea-Statue befindet, und älter als der Maßstab des Zoser. Diese grobe relativ-chronologische Einordnung reicht für die hier anzustellenden maßkundlichen Überlegungen aus. Interessant ist festzuhalten, daß die Entwicklung von Maß und Schrift zeitlich gemeinsam abläuft.

4.2 Die Datierung des Megalithischen Yard

Thom geht davon aus, daß das Megalithische Yard in der Zeitspanne von 2000 bis 1600 v. Chr. im Gebrauch war. Den gleichen Zeitabschnitt legt er seinen Berechnungen über die Deklination der Gestirne zugrunde. Nach den ^{14}C-Daten, die für Stonehenge gefunden wurden, ist das auch sicher nicht falsch. Dennoch bleibt zu bedenken, daß Stonehenge als das jüngste Glied in der Entwicklung der circles und henges gilt. Offensichtlich gehört es noch in die megalithische Tradition. Dennoch scheint die erste Phase, Stonehenge I, ganz überwiegend eine Pfostenkonstruktion gewesen zu sein. Ohne Zweifel reicht aber die jüngste Phase tief in die Becherzeit hinein.

Für Stonehenge I, das für die Auslegung der ganzen Anlage bestimmend ist, gibt es folgende Kohlenstoffdaten:

2180 ± 105 BC	entsprechend	2890–2750 v. Chr.
1962 ± 275 BC	''	2530–2430 v. Chr.
1848 ± 275 BC	''	2350–2180 v. Chr.

Sie schwanken sehr stark und gestatten nur die Aussage: um die Mitte des dritten Jahrtausends. Von den Niederlanden sind sogar ältere Daten für Allover corded beakers bekannt:

2190 ± 70 BC	entsprechend	2940–2800 v. Chr. (GrN 851)
2140 ± 100 BC	,,	2830–2550 v. Chr. (Heidelberg)

Das braucht aber nicht zu stören, da man davon ausgehen kann, daß die Träger der Becher-Kulturen von den Niederlanden aus nach England gekommen sind. Als Zeitpunkt nimmt man allgemein die Mitte des dritten Jahrtausends an.

Eine Reihe englischer Autoren ist der Ansicht, die Becherleute hätten nicht nur die Tradition der Megalithiker fortgeführt — was in gewisser Hinsicht wegen Stonehenge zutreffen muß —, sondern seien auch diejenigen, die man als die eigentlichen Erbauer der Steinkreise zu betrachten habe.

A. Fox (1973) führt im Kapitel: ,,The Beaker and Food-Vessel Peoples" aus: "Stone circles were also build independently of burials." (S. 76).

A. S. Henshall (1974) schreibt deutlicher im Kapitel ,,Scottish chambered tombs and long mounds" (S. 161): ,,Whatever the exact origin of the Clava passage-graves, an overlap with ring-cairns and stone circles has to be allowed, and they are unlikely to begin earlier than the end of the 3rd millennium bc."

Burgess (1974) schreibt im Kapitel: ,,The bronze age" (S. 174): ,,Native religion was widely adapted by the beaker folk, who helped to transform the henge tradition, adding embellishments such as stone settings, which led to the whole stone circle development."

Hier erscheinen also die Becher-Leute als die Erbauer megalithischer Denkmäler. In Spanien, wovon noch zu sprechen sein wird, sind die Straten der Becherleute eindeutig jünger als jene der Megalithiker. In Westpreußen sind die Steinkreise der Tucheler Heide nur schwer in einen Zusammenhang mit den Glockenbecherleuten zu bringen. Auch die französische Forschung erkennt in den Steinkreisen keine Erbschaft der Glockenbecherleute, sondern ordnet sie den Megalithikern zu.

Wie die ^{14}C-Daten gezeigt haben, hat sich die Entwicklung der Großsteingräber über weit mehr als ein Jahrtausend hingezogen (*Renfrew* 1971a), und die Steinkreise und Steinreihen werden schwer aus dieser europäischen Entwicklung zu lösen sein. Gewiß kann man beobachten, daß Steinreihen Megalithgräber überlagern oder darauf Rücksicht nehmen, so daß Reihen und Kreise als eine jüngere Entwicklung, jedoch im megalithischen Bereich zu verstehen sind. Zudem darf man nicht außer acht lassen, daß die Becherleute in weiten Gebieten Europas ältere Bestattungen aus Ganggräbern ausgeräumt haben, um für ihre eigenen Toten Platz zu schaffen. Dies bedingt zumindest einen teilweisen Bruch mit der älteren Tradition. Andererseits zeigt es an, daß Becherscherben im Bereich megalithischer Bauten nur sehr bedingt zur Datierung brauchbar sind. Selbst bei ehemaliger Vermischung auf einem Freilandfundplatz haben die besser gebrannten Scherben der Becherleute bessere Erhaltungschancen.

Wenn es also als recht sicher gelten darf, daß beim Übergang von der Megalithkultur zu den Becherkulturen in England das Megalithische Yard bekannt war und verwendet wurde, so ist damit noch nichts über sein frühestes Auftreten ausgesagt. Dies ist aber von Interesse, weil ja in den Denkmälern der iberischen Halbinsel das Megalithische Yard mit den Megalithbauten verbunden erscheint.

So ist denn der Versuch zu unternehmen, aus Literaturangaben Hinweise für ein frühes Auftreten des MY zu gewinnen.

Bei *Herity* (1974) findet sich (S. 188) eine Zusammenstellung von 15 Maßen von Megalithbauten aus Spanien, Frankreich und England. Mit einigen Bedenken bezüglich der Genauigkeit der Angaben wurden die in Meter angegebenen Längen der Gräber mit dem MY verglichen, wobei die evtl. nur auf ganze Meter genau gemessenen Längen der britischen Gräber gesondert ermittelt wurden. Immerhin sind die auftretenden Abweichungen im Mittel so gering, daß nicht von einer stetigen Verteilung der gefundenen Maße zwischen den Meßmarken des MY die Rede sein kann.

Zwei Maßangaben bei *Sprockhoff* (1938) entsprechen ebenfalls dem MY, während die Längen der bekannten Gräber Visbecker Braut und Visbecker Bräutigam *beide* nur dann glatte Zahlen für das MY ergeben (nämlich 100 und 140 MY jeweils für die Länge), wenn man die Einheit des MY etwas verkürzt mit 822,5 mm annimmt. Der Fehler zum Bestwert von *Thom* beträgt 0,82 %, zum Bestwert von *Müller*, Tucheler Heide, 0,54 %. Ein MY von 822,5 fällt noch in den von *Müller* angegebenen Erwartungsbereich von 827 ± 35 mm. *Thom* selbst gibt basierend auf seinem viel größeren statistischen Material eine Abweichung von ± 0,4 mm an.

Da eine Abweichung von maximal 0,8 % *am Objekt* noch durchaus als tragbar erscheint, ist damit für den englischen, französischen und auch deutschen Bereich sehr wahrscheinlich geworden — wenn auch nicht im statistischen Sinne streng bewiesen —, daß bereits die Erbauer der Ganggräber das megalithische Yard kannten und benutzten. (Womit das MY denn seinen Namen zu Recht führt und nicht Yard der Becherleute genannt werden müßte.)

Die ausgezeichnete Übereinstimmung der Länge des Großen Menhirs am Table des marchands, Locmariaquer, mit dem MY war bereits erwähnt worden. Weil sich aber einzelne Steine wie Menhire noch schlechter datieren lassen als ganze Anlagen, kann von der guten Übereinstimmung mit dem MY nur hilfsweise Gebrauch gemacht werden.

Zwar gehören zum Dolmen von Kercado (^{14}C-Daten ca. 3800, korrigiert 4500!) zwei Menhire, einer auf dem Tumulus und ein zweiter genau im Osten. Man könnte aber einwenden, daß die Menhire wesentlich später als der Tumulus errichtet worden wären.

So erscheinen dann die Steinkreise der Tucheler Heide besser geeignet, das MY wirklich in die megalithische Phase zu datieren, auch dann, wenn das von *Müller* ermittelte Maß etwas kürzer ist.

Die sich aus diesen Darlegungen ergebende zeitliche Verschiebung von 1600 bis 2000 v. Chr., wie es von *Thom*, *Hawkes* und *Müller* angenommen und den Berechnungen zugrunde gelegt wird, auf eine Zeit zwischen 2500 und 3000 v. Chr., die sich mindestens für einen Teil der oben aufgeführten Monumente ergibt, bedingt natürlich auch eine Verschiebung in den Deklinationen der Gestirne, die den Berechnungen dienen, besonders bei der Sonne. Doch liegen diese Verschiebungen für ca. 1000 Jahre bei der Sonne noch unter einem Winkelgrad. Dieser an sich geringe Betrag interferiert noch mit den Verschiebungen, die dadurch entstehen können, daß man eine Visur in verschiedener Weise zum Anpeilen eines Gestirns benutzen kann. Hier ist nicht der Ort, darüber in eine Diskussion einzutreten, und es muß auf die Originalliteratur verwiesen werden, wo diese Probleme bereits behandelt sind. Daher möge die Feststellung genügen, daß die Überlegungen zu den Ortungen durch die zeitliche Verschiebung nicht entwertet sind. Mit anderen Worten: die an den Steinsetzungen zu ermittelnden Deklinationen können nicht so genau bestimmt werden, als daß mit ihrer Hilfe eine Datierung mit hinreichender Genauigkeit möglich wäre.

Von der iberischen Halbinsel gibt es nur wenige ^{14}C-Daten aus dem hier behandelten Zusammenhang. Aus Los Millares I, aus der Zeit vor den Glockenbechern, liegen zwei Daten vor:

2430 ± 120 BC	korrigiert	3220—3130 v. Chr. (KN 72)
2345 ± 85 BC	”	3130—2950 v. Chr. (H 204/247)

Da man diese Daten ohne Bedenken wenigstens im Groben gesehen den Megalithbauten zuordnen darf, deren Maße rechnerisch auf Übereinstimmung mit der Elle von Nippur und eben auch teilweise mit dem MY überprüft wurden, liegt hier ebenfalls ein Befund vor, der das MY zeitlich vor den Glockenbecherhorizont bringt. Dies ergibt sich natürlich auch direkt relativchronologisch.

Ausgehend von den ^{14}C-Daten für Mesopotamien

Early Dynastic I	2253 ± 23 BC	korrigiert	2950—2870 v. Chr.
Early Dynastic II	2184 ± 41 BC	”	2890—2750 v. Chr.,

die mit der frühesten Phase der Glockenbecher gleich sind, kann man also feststellen, daß zur Zeit der Jemdet-Nasr Periode das MY in Teilen Europas im Gebrauch war. Diese chronologische Querbeziehung dürfte für die Betrachtung der Ableitung der Maße ausreichend sein.

4.3 Die Datierung des Maßes nach Gudea

Relativchronologisch wird als sicher angesehen, daß Gudea von Lagasch rund 250—300 Jahre jünger als Sargon I, dagegen aber rund 300 Jahre früher als Hammurabi anzusetzen sei (*Roux* 1964; *Mallowan* 1961 u. a.).

Aus archäologischen Gründen stellt man Sargon I   um 2350 v. Chr.
                                        Gudea   um 2050 v. Chr. und
                                        Hammurabi   um   1728–1686   v. Chr.

Daraus ergibt sich zwischen Sargon I und Hammurabi ein Altersunterschied von ca. 600 Jahren.

Die ^{14}C-Daten verschieben nun den historisch gewonnen Ansatz nicht unbeträchtlich. Für Hammurabi gibt es als Mittelwert aus drei Daten:

$$1993 \pm 106\ BC \qquad \text{korrigiert} \qquad 2540\text{-}2460\ \text{v. Chr. (C 752)}$$

Hammurabi erscheint so als Zeitgenosse der V. Dynastie Ägyptens. In Ägypten selbst gehört ein ^{14}C-Datum von 1940 ± 115 Jahren zur VI. Dynastie. Der Übergang von der V. zur VI. Dynastie erfolgte nach dem ägyptischen Kalender 2423 v. Chr., so daß dieses Datum vielleicht in die Lebenszeit Hammurabis fallen dürfte.

Für Sargon I existiert m. W. kein ^{14}C-Datum, doch ist mit dem Datum

$$\text{Frühdynastisch II} \qquad 2184 \pm 41\ BP, \qquad \text{korrigiert } 2890\text{–}2770\ \text{v. Chr.}$$

ein Terminus post quem gesetzt. Es läßt für die Zeit zwischen Sargon I und Hammurabi keinen Spielraum von 600 Jahren. Für die hier beabsichtigte Datierung der Maße sollten immerhin die folgenden groben Ansätze genügen:

Sargon	um 2750 v. Chr.	evtl. z. Zt. der	III. Dynastie
Gudea	um 2600 v. Chr.	” ” ” ”	IV. Dynastie
Hammurabi	um 2400 v. Chr.	” ” ” ”	VI. Dynastie

Ein ähnliches Datum für Gudea nimmt *Culican* (1961) an: 2680 v. Chr.

5 Die Verknüpfung der Maßsysteme

Oft sind „neue" Maßsysteme leichtfertig aufgestellt, aber nicht ausreichend bewiesen worden. Diese „Maßeinheiten" können nun, wissenschaftlich gesehen, weder leben noch sterben, verwirren das Bild und bringen metrologische Untersuchungen in Mißkredit.

Daher ist es nur allzugut zu verstehen, was *Petrie* (1934) in seinem Büchlein „Measures and Weights" einleitend schreibt und wenn er davor warnt, verschiedene Maßsysteme voneinander abzuleiten. Etwas inkonsequent zu seiner eigenen Warnung verfolgt er aber dann doch − meistens zu Recht − verschiedene Maßeinheiten auf ihrem Weg durch die Geschichte. Mit Recht nimmt er dabei oft an, daß er nur Streuungen zu einem Sollmaß auffindet. Fehlerabweichungen sind unvermeidbar, und daher gehört gesetzmäßig zu jedem Sollwert eine mehr oder minder flache Fehlerverteilungskurve.

Entgegen zu *Petrie* soll aber hier versucht werden, die antiken Maßsysteme miteinander in Beziehung zu setzen. Um Irrwege zu vermeiden, wird aber hier strenger vorgegangen als *Petrie* es tat.

1. Bei der Beurteilung, ob zwei Maßsysteme kohärent sind, werden Abweichungen um 1 %, die bisher toleriert wurden, als zu große angesehen. Als tragbar werden Toleranzen bis zu 0,2 % erachtet.
2. Als hinreichend zuverlässige Quellen werden *nur zwei* Gattungen angesehen:
a) Originale, hinreichend gut erhaltene Maßstäbe der betreffenden Zeit.
b) Ausreichend statistisch abgesicherte Meßergebnisse an einer großen Zahl von Objekten, die in der Regel 100 überschreiten muß.

Deshalb werden Maße, die an einem einzelnen Objekt gewonnen wurden, nicht herangezogen, um die Kohärenz zweier Systeme zu begründen. Solche Meßergebnisse werden bisweilen erklärt oder zur Betätigung herangezogen.

Zur Aufrechterhaltung numerischer Genauigkeit wird oft mit sehr vielen Kommastellen gerechnet. Sie sind physikalisch meist nicht realisiert; ebenso dürfen sie nicht vortäuschen, daß die reale Genauigkeit so weit ginge. Die Unsicherheit tritt spätestens in der vierten Stelle auf.

5.1 Das Urmaß und die Elle von Nippur

In den vorausgehenden Abschnitten war dargelegt worden, daß der in Nippur im Tempel aufgefundene Maßstab eine Einteilung und Einheit repräsentiert, die für das 4. Jahrtausend nicht nur in Mesopotamien verbreitet war. Deshalb wurde diese Einheit als „Urmaß" bezeichnet. Die Einheit der Länge war durch

die Elle zu	518,6	mm gegeben,
der Fuß war	276,59	mm lang,
die palma	69,147	mm und
der digitus	17,2866	mm lang.

Somit hatte

die Elle	30 digiti
der Fuß	16 digiti
die palma	4 digiti.

Es soll gezeigt werden, daß sich sehr viele antike Maße auf dieses Maß zurückführen lassen und daß die Ableitungen nicht zu chronologischen Widersprüchen führen.

5.2   Ägyptische Maßeinheiten

5.2.1 Das ältere ägyptische Maß

Als erstes soll der Zusammenhang des „Urmaßes" mit einem Maßstab des Zoser genannt werden, den *Petrie* (1934, S. 7) nachweist. Auf dem Maßstab ist ein Abstand von 277,62 mm abgetragen. Die Differenz zum Fuß des Urmaßes beträgt

$$
\begin{array}{r}
277,62 \text{ mm} \\
- \underline{276,59 \text{ mm}} \\
1,03 \text{ mm} \quad \text{entsprechend } 0,372\,\%.
\end{array}
$$

Sowohl die absolute Abweichung von 1 mm als auch die relative Abweichung sind so gering, daß hierin vorläufig eine Übereinstimmung mit dem Urmaß gesehen wird, auch was die Unterteilung angeht. Hilfsweise wird auf den Mittelwert von Maßen der III. Dynastie verwiesen, der bei 518,60 mm liegt (Abschnitt 2.3.1). Die Berechnungen setzen eine Unterteilung der Elle in 30 Teile voraus.

5.2.2 Das jüngere ägyptische Maß

Die Entwicklung zum später allgemein verbreiteten Maß geht über eine Stufe, die zwar nicht an einem Maßstab direkt zu fassen ist, aber mit aller Sicherheit rückwärts erschlossen werden kann, wie noch zu zeigen ist.

Methodisch soll daher zunächst diese Stufe übersprungen werden, damit jüngere Maßstäbe ausgewertet werden können, die einen verläßlichen Befund liefern.

Die Maßstäbe des Neuen Reiches sind, wie dargelegt, anders unterteilt. Die Elle enthält nur noch 28 digiti, während die restlichen Unterteilungen beibehalten sind.

Die Frage, wann diese Umstellung erfolgte, bleibt zunächst undiskutiert.

Die am genauesten ermittelten Maßstäbe des Neuen Reiches scheinen folgende zu sein:

a) Amenhotep I   523,5 mm pro Elle
b) ein Bruchstück   523,6 mm pro Elle.

Daraus folgt für die Berechnung 523,55 mm als Mittelwert.

Neben der Königselle existiert nach *Petrie* (1934, S. 5) gleichzeitig noch ein weiteres Maß mit der Bezeichnung „remen" (R). Dessen Länge berechnet sich nach dem Satz des Pythagoras wie folgt: $(2\,R)^2 = 2\,(E_k)^2$, wenn mit E_k die Königselle des Neuen Reiches bezeichnet sein soll. In Worten: In einem Quadrat mit der

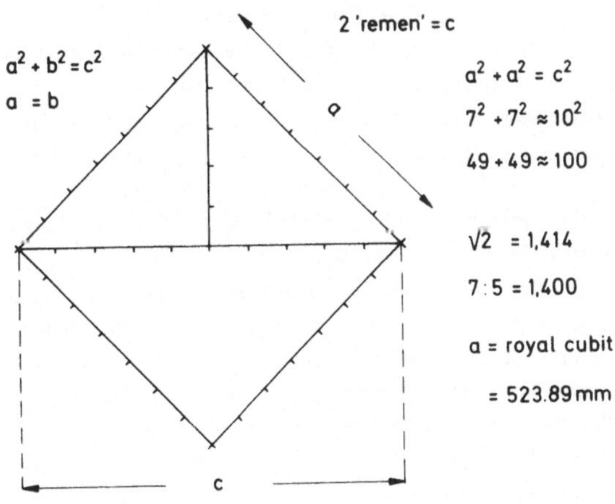

Seitenlänge einer Königselle mißt die Diagonale zwei remen. Wenn man die obige Gleichung nach R auflöst und dann Zahlen einsetzt, folgt:

$$\sqrt{\frac{2\,E_k^2}{2}} = R = 370{,}205 \text{ mm}$$

Weiter nach *Petrie* soll der zwanzigste Teil des remen ein digitus-Maß sein. Da nun die palma 4 digiti enthält, entspricht der remen auch der Länge von 5 palmae.

Es erhebt sich die Frage, wie lang denn das Maß von sieben solcher palmae wäre, d. h. wie lang die Elle, die sich aus dem vom remen abgeleiteten digitus ergibt. Die Rechnung ergibt:

7 palmae messen 518,287 mm.

Damit ist offensichtlich eine Längeneinheit erreicht, die dem Urmaß entspricht. Die Abweichung gegenüber dem Mittelwert aus der Elle von Nippur beträgt nur 0,060 %!

Wem diese Ableitung nur von der rechnerischen Seite her überzeugend vorkommt, möge folgenden Gedankengängen folgen:

Wie *Petrie* (1934) referiert, war der remen ein Maß, das mit Vorteil bei der Feldvermessung verwendet wurde. Da die Felder Eigentum von verschiedenen Tempeln oder Personen waren, konnte man ihre Abmessungen nicht ohne beträchtlichen Aufwand (Geländearbeit und Dokumentation) ändern. Die Abmessungen der Felder dokumentieren also alte Zustände. Demnach muß also der remen das Maß sein, was von beiden das ältere ist, oder auf das ältere Maß zurückgeht. Damit sind wir wieder bei dem Fußmaß von Zoser aus der III. Dynastie, das zunächst nur vorläufig als Verbindungsglied zum Urmaß akzeptiert worden war, weil seine Abweichung rund 0,4 % beträgt. Offenbar war das Maß leicht fehlerhaft. Die unter Zoser demnach benutzte Länge der Elle ist beim Übergang zum remen nicht mehr in 30, sondern nur noch in 28 Teile unterteilt. Dies freilich bedeutet für den Landmesser keine neue Aufmessung im Gelände, sondern nur Rechenarbeit.

Über die Bedeutung des Verhältnisses remen—Elle zur Vereinfachung der Landvermessung hat *Petrie* so ausreichend geschrieben, daß eine Wiederholung hier unterbleiben kann (1934, S. 3/4).

Welche Vereinfachung die Umstellung der Unterteilung der Elle von 30 auf 28 digiti bedeutet, wurde bereits (Abschnitt 2.3.2) dargelegt.

Wenn der remen als das ältere Maß betrachtet werden muß, ist der Umrechnungsvorgang von Elle und remen andersherum zu sehen: In einem Quadrat der Seitenlänge von *einem* remen ist die Diagonale gleich der „neuen" Elle, d. h. der Königselle. Drückt man dies Verhältnis in palmae statt in digiti aus, so ergibt sich 5 palmae (der alten Elle) zu 7 palmae (der neuen Elle). Das Verhältnis 7 : 5 ist numerisch gleich 1,4. Im Quadrat ist aber das Verhältnis Diagonale zur Seite gleich $1,4142 = \sqrt{2}$. (Dies ergibt sich einfach aus dem Quadrat mit der Einheitslänge.) Deshalb ist die Aufgabe, ein solches Quadrat zu konstruieren, daß Seitenlänge und Diagonale *ganze* Zahlen darstellen, nicht lösbar. Die Lösung wäre aber für die Feldvermessung sehr nützlich gewesen. Die ägyptische „Lösung" des Problems war eine etwas längere Elle für die Diagonale, eben die Königselle zu 523,6 mm.

Obwohl die Abweichung zur alten Einheit von 518,6 nur 5 mm und damit 0,964 % beträgt, liegt hier doch eine neue Grundeinheit vor, wie das auch allgemein angenommen ist. (Aus diesem Grunde werden in dieser Untersuchung Fehler um 1 % als für zu groß angesehen, um noch Kohärenz zu erweisen.)

Der remen setzt also eine Unterteilung der Elle in nur 28 digiti voraus. Diese Unterteilung bei unveränderter Länge der Einheit ergibt

	den Fuß zu	296,3428 mm	entsprechend	16 digiti
	die „kleine" Elle	444,5136 mm	''	24 digiti
	die palma zu	74,0857 mm	''	4 digiti
und	den digitus zu	18,5214 mm.		

(Vorwegnehmend sei hier festgestellt, daß dies die genauen Einheiten des Imperium Romanum sind.)

Wann ist nun die Elle des Urmaßes nicht mehr in 30, sondern in 28 Teile unterteilt worden?

Granitblöcke aus der Pyramide des Cheops lassen erkennen, daß der Fuß noch ca. 276,6 mm lang war. Somit war die Elle noch in 30 Teile unterteilt. Dies ergibt einen Terminus post quem (oder ad quem, vergl. weiter unten!).

Aus der XII. Dynastie liegen, wie unter 3.2.3 erwähnt, Maßstäbe vor, deren Länge Doppelfüßen entspricht. Für die Zeit um 2000 v. Chr. ist also, wenn man den kürzeren von beiden Maßstäben betrachtet, ein Fuß von 336,55 mm dokumentiert. Daraus folgt ein digitus von 18,697 mm. Die zugehörige Elle zu 28 digiti ist daher 523,51 mm lang, d. h. hier ist bereits die Königselle vorhanden. Allerdings wurde zur Berechnung die Länge des „Fußes" mit 18 digiti veranschlagt.

Der zweite Doppelfuß-Maßstab der XII. Dynastie ergibt, wie schon dargelegt, (2.32), eine große Elle zu 528,26 mm, wenn man auch hier den Fuß zu 18 digiti voraussetzt. Diese recht große Elle errechnet sich ebenfalls aus der Dreieckskonstruktion nach Pythagoras, wenn man analog wie beim Zusammenhang remen-Königselle vorgeht. Wenn nämlich jetzt 5 palmae der Königselle zu 523,6 mm die Rolle des remen übernehmen, also die Länge c/2 in der Figur Seite 31 sind, folgt als 7-palmae-Wert 528,92 mm; 6 palmae sind dann 453,357 mm, und 3/4 davon der 18-digiti-Fuß mit 340,02 mm. Der aufgefundene Maßstab zeigt 679,19 mm für den Doppelfuß, woraus durch Division mit 2 sich 339,595 mm für den Fuß ergeben. Die Differenz zum berechneten Wert beträgt 0,125 %.

Weiter oben war bereits die „kleine" Elle zu 24 digiti oder 6 palmae genannt worden, die sich im täglichen Leben durchgesetzt hatte. Sie ist 448,80 mm lang, wenn man von einer Königselle von 523,6 mm ausgeht. Die kleine Elle verhält sich zum Fuß wie 24 : 16 oder einfacher 3 : 2. Dadurch erhält diese „gemeine" Elle eine Beliebtheit, die nicht unterschätzt werden darf. Wenn uns auch die Königselle in zahlreichen Exemplaren überliefert ist, weil sie bis in die königlichen Gräber gelangte, so besagt das nicht, daß sie das häufiger verwendete Maß war.

Weil nun die kleine Elle diejenige des täglichen Gebrauchs war, begann man, sich auf sie als Einheit zu beziehen und die anderen Werte als hiervon abgeleitet zu betrachten.

Bei der weiteren Entwicklung des Meßwesens, besonders in Ägypten, dürfte nun wieder der Satz des Pythagoras eine Rolle gespielt haben, wenn auch vielleicht nicht die zentrale Rolle. Mindestens aber hat die spezielle Form $3^2 + 4^2 = 5^2$ einen

Einfluß ausgeübt. Die kleine Elle zu 6 palmae kann man ja als 4 × 6 digiti auffassen. Setzt man jetzt den Fuß zu 18 digiti fest, so sind dies 3 × 6 digiti. Er steht dabei in günstiger Relation zur wohl viel benutzten halben Elle, die ja 2 × 6 digiti lang ist (vergl. 2.4.1). Der Fuß läßt sich also gut in einem System von Halbierungsschritten unterbringen und hatte sich ja aus einem Doppelfuß ergeben. Dieser Doppelfuß ist 6 × 6 digiti groß, das Anderthalbfache der kleinen Elle. Dieses System verlangt geradezu nach einem 5 × 6 Maß, das sich leicht aus dem Satz des Pythagoras ergibt: $(3n)^2 + (4n)^2 = (5n)^2$, wenn n = 6 digiti ist. Als Resultat erhält man, erstaunlich genug, wieder einen Wert zu 30 digiti. Es bleibt als Frage offen, ob hier Reminiszenzen an die alte Unterteilung mitgespielt haben. Diese allgemeine rechnerische Ableitung ist an keine Basiseinheit gebunden und gilt allgemein. Deshalb ergeben sich daraus vielfältige Möglichkeiten.

Der 30-digiti-Wert ergibt sich zu:
    555,6 mm, wenn man von einem digitus von 18,52 mm ausgeht
    561,0 mm, '' '' '' '' '' '' 18,70 mm ausgeht

Der Fuß von 18 digiti ergibt sich zu
    333,36 mm, wenn man von einem digitus von 18,52 mm ausgeht
    336,6 mm, '' '' '' '' '' '' 18,70 mm ausgeht

Die Elle zu 24 digiti ergibt sich zu
    444,51 mm, wenn man von einem digitus von 18,53 mm ausgeht
    448,8 mm, '' '' '' '' '' '' 18,70 mm ausgeht.

5.2.3.1 Ägyptische Maße und direkt davon abgeleitete Einheiten

Damit durch die sich auftuenden Möglichkeiten keine Verwirrung entsteht, sind die Maße, die sich voneinander ableiten, in mm in Tabelle I zusammengestellt.

Tabelle I

Maß	dig	mm	mm	mm	mm	mm	mm	
Elle	30	518,6	–	523,6	–	555,32	–	1. Zeile
Elle	28	–	518,6	–	523,6	–	555,32	2. ''
Fuß	16	276,59	296,34	279,25	299,2	296,17	317,32	3. ''
„Fuß"	18	311,16	333,38	314,16	336,6	333,19	356,99	4. ''
palma	4	69,147	74,09	69,81	74,8	74,04	79,33	5. ''
„palma"	6	103,72	111,129	104,72	112,2	111,06	118,997	6. ''
digitus	1	17,287	18,52	17,453	18,70	18,51	19,83	7. ''
kl. Elle	24	414,87	444,51	418,87	448,8	444,26	475,989	8. ''
Dpl. Fuß	36	622,33	666,72	628,31	673,2	666,38	713,98	9. ''
Spalte		1	2	3	4	5	6	

In den Zeilen 1 und 2 ist angezeigt, ob die Große Elle (= Königselle) in 30 oder 28 Teile unterteilt ist. In den jeweiligen Spalten finden sich die daraus erwachsenden Einheiten. Die Werte der Spalten 2 und 5 unterscheiden sich in den Zeilen 3 bis 9 dadurch, daß in Spalte 2 von einer achtundzwanzigstel Elle = 18,52 mm, in Spalte 5 von einem zwanzigstel remen = 18,51 mm ausgegangen wurde. (Dazu später.) Fußwerte, die in einem Maßsystem eine Rolle spielten, sind umrahmt, Fußwerte, die Ausgangswert eines neuen Systems wurden, sind getönt. Der dritte Wert der 1. Spalte ist der Fuß zu der Urelle, wie er usprünglich verwendet wurde. Der 3. Wert der 4. Spalte ist der Fuß zu der Königselle des mittleren und des neuen Reiches. Der 3. Wert der zweiten Spalte resp. der 5. Spalte ist der pes monetalis, der Ausgangswert des römischen Systems. Der 3. Wert der 6. Spalte ist der „Milesische Fuß" in der Nomenklatur von *Petrie* (1934). Der jeweils 4. Wert der 2. und 5. Spalte ist der sogenannte Drusianische Fuß. Der 4. Wert der 1. Spalte ist der „Olympische Fuß" in der Nomenklatur von *Skinner* und *Myers*, jedoch der „Griechische Fuß" in der Nomenklatur von *Petrie*. Der 4. Wert der 3. Spalte ist der „Äginetische Fuß" in der Nomenklatur von *Petrie*. Schließlich ist der 4. Wert der 4. Spalte der Fuß zum Doppelfuß der XII. Dynastie.

Überraschenderweise ist 1/5 des 4. Werts der 4. Spalte 67,32 mm, und damit genau das Zehnfache der kleinsten Einheit des „Indus-Maßes", das eine dekadische Unterteilung erkennen ließ. Die Abweichung beträgt 0,327 % (vergl. Abschnitt 2.1).

Zum Entstehen eines Fußes von 18 digiti ist weiterhin zu berücksichtigen, daß eine Unterteilung des Fußes in Zwölftel, in Unzen resp. unciae, eine Rolle gespielt hat. Wenn man versucht, einen 16-digiti-Fuß zu zwölfteln, so entspricht 1 digitus 0,75 unciae (*Rottländer* 1966, Seite 85), oder 4 digiti sind 3 unciae. Setzt man andererseits den Fuß zu 18 digiti fest und unterteilt diese Länge in Zwölftel, so ist 1 uncia = 1,5 digiti. Dies stellt eine recht einfache Umrechnung dar, denn die halben digiti dritteln die uncia.

Es sei hier eingefügt, daß nur die Ableitung des pes monetalis, des pes Drusianus und des „Attischen Fußes" als strenge Ableitung im Sinne des Abschnitts 5. verstanden werden darf. Für den pes monetalis liegen nämlich hinreichend sowohl Maßstäbe als auch Messungen an Keramik vor. Der pes Drusianus ist durch eine aus der Antike überlieferte Umrechnungsvorschrift an den pes monetalis gebunden. Der „Attische Fuß" ist durch über 200 unabhängige Meßwerte an Keramik dokumentiert. Der aus der Keramik stammende Wert von 310,4 weicht vom Wert 311,16 nur unerheblich ab. Es wird noch zu zeigen sein, daß der Bestwert 310,979 mm ist. Die Abweichung des gemessenen Wertes dazu beträgt nur 0,1865 %.

Die anderen aufgezeigten Zusammenhänge liegen nur im Rang einer Erklärung der in der Literatur vorgefundenen Maßeinheiten.

Das Aufkommen des „Fußes" zu 18 digiti wurde oben aus einer speziellen Form des Lehrsatzes von Pythagoras hergeleitet. Weiter wurde gezeigt, daß 5 dieser „großen" Füße die Basis neuer Maßsysteme geworden waren. Rein rechnerisch kommt man zum selben Ergebnis, wenn man gewissermaßen einen Umweg über lange Maße nimmt:

Das „Rohr" zur Elle von Nippur ist 6 Ellen lang. Wenn man hingeht und neu festsetzt, daß dieses Rohr nun 10 Fuß lang sein soll, folgt: 518,6 × 6 = 3111,6 mm (= 1 „gi", Rohr); ein Fuß ist dann 311,16 mm. Nach derselben Methode folgt aus dem ägyptischen Maß (Königselle): 523,6 × 6 = 3141,6 mm. 1 Fuß ist demnach 314,16 mm lang. Allerdings ist dieses Prinzip nicht bei allen Ableitungen anwendbar. Dennoch läßt sich daher nicht entscheiden, welcher der beiden Wege derjenige zu den Maßen des griechischen Bereichs gewesen ist. Vermutlich dürften solche Überlegungen sich gegenseitig nicht ausgeschlossen haben.

Mathematisch gesehen ergibt sich diese Umrechnung, weil eine Elle 30 digiti hat und 6 Ellen somit 180 digiti. Das ist natürlich das Zehnfache eines Fußes zu 18 digiti.

Geht man dagegen von einer Elle von nur 28 digiti aus, so sind 6 Ellen gleich 168 digiti. 168 digiti lassen sich aber auch als 7 × 24 digiti auffassen, wobei 24 digiti der Kleinen Elle entsprechen. (Der Fuß von 18 digiti läßt sich in diesem System nicht mehr unterbringen.) Eine dem Obigen analoge Festsetzung, daß nämlich das Rohr gleich 10 Fuß zu 18 digiti sein soll − ausgehend von der Elle zu 28 digiti −, führt zu einer Länge von 3333,8 mm für das Rohr.

Nach *Unger* (1927) hat im 6. Jhd. v. Chr. die jüngere Babylonische Rute 7 Ellen. Faßt man, wie dargelegt, 6 Ellen zu 518,6 mm als 7 kleinere Ellen auf, so wird jede Elle (zu 24 digiti) 444,514 mm lang. Daraus folgt ein Fuß (zu 18 digiti) von 333,38 mm Länge, was etwa dem Maß der zu dieser Zeit produzierten Ziegel entspricht. Da nach den alten Textstellen diese Ziegel einen Fuß messen sollen, ist damit belegt, daß neben dem Maß nach Gudea immer noch die Elle des Urmaßes im Gebrauch war. Ebenso aber ist dadurch belegt, daß beide Maße in 28 Teile unterteilt wurden.

Ausgehend von der Elle des Urmaßes: 18-digiti-Fuß   333,38 mm
          ”   ”   ”   ”   ” Gudea: ”   ”   ”   318,82 mm
aufgefundene Ziegelbreite des Nebukadnezar II: 320−330 mm.

Im Abschnitt 2.3.2 war ein Doppelfuß an einem Maßstab der XII. Dynastie erwähnt worden, dessen Länge sich auf 679,19 mm beläuft. Daraus folgt ein Fuß von 339,595 mm Länge (wohl zu 18 digiti) und eine Elle von 528,259 mm. Die Erklärung dieses Maßes wiederholt formal die Bildung der Königselle aus dem remen. In einem Quadrat mit der Seitenlänge von 5 palmae einer Königselle (= 374,0 mm) ist die Diagonale 528,9 mm lang. Die Abweichung ist nur 0,123 % groß. Das Sechsfache dieser Elle(= 1 gi) ist das Zehnfache des „Milesischen Fußes" nach *Petrie*.

Die sich so ergebenden 317,34 mm liegen ganz in der Nähe eines Fußmaßes, welches nach *Petrie* allgemein für Griechenland gelten soll und 316,23 lang ist, das nach *Skinner* (1953) aber mit 316,29 mm ein griechischer „gemeiner" Fuß ist. Wertet man dieses Maß zu 316,26 mm, so könnte es der zehnte Teil einer Rute sein, die zu einer Elle von 527,10 mm gehört.

Man wird zwar einerseits nicht über dieses Ellenmaß hinweggehen können, wie sich auch noch aus späteren Ausführungen ergeben wird. Andererseits aber bereitet die Ableitung aus den bisher gegebenen Maßstäben Schwierigkeiten.

Die Abweichung der Werte 317,34 mm und 316,26 mm voneinander ist mit 0,340 % so hoch, daß eine Kohärenz der Maße nicht angenommen werden sollte.

Folgende rechnerische Ableitung ist möglich, deren Tragfähigkeit an den späteren Ergebnissen zu messen ist:

Die „alte" Elle war 518,6 mm lang, die „neue" Elle 523,6 mm. Gewissermaßen als Kompromiß zwischen beiden ergibt sich ein Mittelwert zu M_k = 521,1 mm („Kompromißelle"). Nimmt man an, daß diese Elle in 7 palmae unterteilt war und betrachtet man 5 palmae dieser Elle als remen zu einer „neuen Elle" (E_n), dann folgt:

$$E_n = \frac{521,1 \times 5 \times \sqrt{2}}{7} = 526,39 \text{ mm}.$$

Der Unterschied zu dem von *Petrie* (1934) vorgegebenen Maß von 527,03 mm beträgt 0,64 mm entsprechend 0,121 %; aus dem Fuß zu 316,26 mm ergibt sich eine Elle zu 527,1 mm, zu der die Abweichung 0,71 mm oder 0,135 % beträgt.

Diese Kompromißlösung ist insofern nicht voll befriedigend, als daß keine direkten Nachrichten darüber existieren, ob der Begriff des Mittelwertes den alten Ägyptern bekannt war. Allerdings spricht die Ausmessungsmethode für unregelmäßig begrenzte Felder, wie sie uns in dem (späten) Edfu-Text begegnet, dafür (*Schlott* 1969, S. 161-162).

Als Zeitpunkt der Entstehung der „Kompromißelle" wäre dann derjenige zu vermuten, an dem die ältere Elle an Bedeutung verlor und die neuere Elle an Ansehen gewann. Dies muß nach der IV. Dynastie der Fall sein, weil die neue Elle erstmals an der Cheops-Pyramide faßbar wird (vergl. *Paulsen* 1969), und vor der XII. Dynastie, weil deren Maßstäbe den allgemeinen Gebrauch der Königselle mit ihrer Unterteilung in 28 Teile voraussetzen.

Damit liegt etwa der Zeitraum zwischen 2600 und 2000 v. Chr. fest. Die vielen neuen Einheiten dieser Epoche: Doppelfuß, Fuß zu 18 digiti, Königselle sowie Kleine Elle machen deren Unruhe und Unsicherheit im Meßwesen ebenso deutlich wie das Aufkommen von Ellen verschiedener Länge, wie es soeben dargelegt wurde. Ob hieran die politischen Schwierigkeiten der VIII. bis XII. Dynastie schuld sind, kann man nur vermuten.

Erst im Neuen Reich hat sich dann *ein* System durchgesetzt, nämlich:

die Königselle	zu	28 digiti,	523,6 mm lang
die Kleine Elle	''	24 digiti,	448,8 mm ''
der Fuß	''	16 digiti,	299,2 mm ''
die palma	''	4 digiti,	74,8 mm ''
der digitus	''		18,7 mm ''

5.2.3.2 Die vom ägyptischen Maß abhängigen Einheiten

Ein kulturell so wirksames Gebiet wie Ägypten hat auch dort einen dauernden Einfluß, wo es politisch nicht oder vielleicht nur vorübergehend dominiert. Dies trifft in besonderem Maße für Palästina zu. Es braucht daher nicht zu verwundern, wenn sich im örtlichen Maßsystem ägyptische Verhältnisse wiederspiegeln.

Allerdings geht das nur so weit, daß die Kleine Elle mit 444,25 mm zu 6 palmae übernommen worden ist; das Fußmaß ist ungebräuchlich und durch die Spanne, die halbe Elle ersetzt. Rechnet man aus diesen Angaben die palma aus: 74,04 mm, so wird klar, daß sie zu einer Großen Elle von 518,29 mm gehört, die in 28 Teile unterteilt war. Damit ist jener Zustand konserviert, der zwar die neue Einteilung der Elle schon mitgemacht hat, gewissermaßen aber den Satz des Pythagoras noch nicht kannte. (Dies mag vielleicht mit der außerhalb Ägyptens geringeren Bedeutung der Feldvermessung zusammenhängen.) Daß diese rechnerischen Zusammenhänge im 7. Jhd. v. Chr. noch bekannt waren, zeigt die Vorschrift des Ezechiel für den Bau des „Neuen Tempels". Für diesen Tempel soll nämlich das alte, heilige, königliche Maß verwendet werden: zur gemeinen Elle soll eine Handbreit zuaddiert werden, um die „richtige" Elle zu erhalten. Das bedeutet nichts anderes, daß aus der Elle zu 6 palmae die Elle zu 7 palmae zurückgewonnen werden soll – das Urmaß! (Ez. *40, 5*; *43, 13*)

Die Verhältnisse bei den Phönikern entsprechen etwa denen bei den Juden, nur daß hier außerdem das Fußmaß (295,33–296,27 mm nach *Petrie* und *Skinner*) benutzt wird. Das Maß des Neuen Reiches hat sich auch hier nicht durchgesetzt. Daß die Römer schließlich dieses „rückständige" System übernommen haben, ist ein Vorgang, der der Übernahme des Alphabets in der westgriechischen Form entspricht, die ihrerseits nordsemitische Vorbilder hat. Die von Griechen später besiedelten Gebiete übernehmen andere, sozusagen „fortschrittlichere" Maßeinheiten, die südsemitischen Bereichen entstammen mögen, die stärker unter ägyptischem Einfluß standen. Die Fragen aber, wann und wie dies geschah, sind augenblicklich weit von ihrer Lösung entfernt.

Daß Mesopotamien kaum als Quelle der griechischen Maßeinheiten in Frage kommen kann, wird die weitere Untersuchung noch ergeben. Auch Syrien scheint weniger als Vermittler geeignet gewesen zu sein. Vielleicht ist aber an Anatolien oder Kreta zu denken, die beide Beziehungen zu Mesopotamien und Ägypten hatten. Besonders ist an diesen Weg zu denken, wenn es sich um die Elle von 521,1 mm handelt („Kompromißelle").

Aus dem frühesten Palast zu Phaistos errechnet sich direkt eine Elle von 521,87 mm, den Fuß zu 16, die Elle zu 30 digiti gerechnet. Die Abweichung zu 521,1 mm beträgt 0,147 %. Beziehungen Kretas zu Mesopotamien wie auch Ägypten sind für die Mitte des 3. Jahrtausends sicher erwiesen (*Hood* 1961, S. 221).

Dies würde gut erklären, wie eine Elle von ungefähr 521,5 mm an Griechen tradiert wurde.

Gruben (1963) erwähnt die Verwendung des leicht schwankenden samischionischen Fußes, dessen Länge am archaischen Artemision mit 347,7 mm nachgewiesen wurde. Da zu dieser Zeit wie in Ägypten auch hier der Fuß zwei Drittel der Elle ist, wird diese 521,55 mm lang. (Die Abweichung zur „Kompromißelle" beträgt 0,086 %.)

Hoepfner (1973) berechnet aus dem Grabmonument des Pythagoras aus Selymbria eine Länge von 2086 mm, die das Grundmaß der Grabpyramide darstellt. Dieses Maß ist schon deshalb interessant, weil es ganz in der Nähe von 2,5 MY steht! (2,5 MY = 2073 mm, Abweichung 0,623 %). Sein Viertel aber beträgt 521,5 mm.

So ist Kreta oder die Kykladen als Vermittler nicht unwahrscheinlich, denn gerade dort wäre ein Kompromiß zwischen zwei Maßen durchaus sinnvoll gewesen, indem die Abweichung zu den Systemen Mesopotamiens und Ägyptens sich in einem tolerierbaren Rahmen gehalten hätten. Eine Entscheidung ist aus den 30 Kleinfunden dieser Region nicht zu ziehen, denn die ermittelten Maßangaben sind zu gering an Zahl, als daß mit einiger Sicherheit zwischen den in der Berechnung vermuteten 518,6 mm und 521,1 mm unterschieden werden könnte.

In jüngerer Zeit scheinen sich die Verhältnisse gewandelt zu haben. Für die Zeit um 900 v. Chr. und Syrien gibt *Petrie* (1934) einen Fuß von 334,77 mm an, woraus sich eine Elle zu 520,75 mm ergibt, die um 0,067 % von der „Kompromiß-elle" abweicht. Der noch jüngere kretisch-äginetische Fuß (nach *Forrer* und *Feldhaus*) zu 333 mm resp. 18 digiti führt direkt zu einer Elle von 518 mm, zu 28 digiti gerechnet. Die genaue Fußlänge aus dem Urmaß entspräche, wie der Tabelle in Abschnitt 5.2.3.1 zu entnehmen, 333,38 mm. Eine analoge Unterteilung der „Kompromißelle" führt zu einem Fuß von 335,25 mm.

Die Länge von 333,38 mm entspricht dem Drusianischen Fuß, von dem *Petrie* sagt, er sei vor den Römern in Gallien verbreitet gewesen. (Obwohl er sich zwanglos auch aus dem römischen System ergibt.) Den pes Drusianis bringt *Petrie* dann mit seinem „Nordischen Fuß" in Zusammenhang, dessen Länge er mit 338 mm angibt. (1934, S. 5.) Das erscheint nicht akzeptabel, denn die Abweichung ist mit 4,62 mm entspr. 1,386 % nach den vorausgegangenen Darlegungen entschieden zu hoch. Geht man jedoch von der in Abschnitt 5.2.3.1 abgeleiteten „Neuen Elle" aus, so wird der Fuß von 18 digiti 338,8 mm lang, was sich nur um 0,236 % von der Angabe *Petrie*'s unterscheidet.

Skinner (1967, S. 91) gibt einmal die Länge des Nordischen Fußes mit 335,3 mm an. Dies entspricht natürlich hinreichend dem 18-digiti-Fuß der Kompromißelle.

Im Abschnitt 5.2.3.1 war bereits darauf aufmerksam gemacht worden, daß sich aus dem 18-digiti-Fuß zu 336,6 mm durch Division mit 50 eine Distanz ergibt, die in unmittelbarer Nähe der kleinsten Einheit des längeren der beiden Maßstäbe der Induskultur liegt. Sie ist 6,71 mm lang (vergl. Abschnitt 2.1). Multipliziert man den genauen Wert mit 50, so ergibt sich eine Länge von 335,5 mm. Dies entspricht dem 18-digiti-Fuß der Kompromißelle noch besser als der vorher angestellte Vergleich. Die Abweichung beträgt nur 0,2 mm oder 0,0596 %. Es sei daran erinnert, daß die Doppelfußmaße solche von Füßen zu 18 digiti sind. Der Doppelfuß zur Kompromißelle ist also das Hundertfache der kleinsten Einheit des Maßes der Induskultur.

Weiter oben war die Vermutung geäußert worden, daß die Kompromißelle nördlich, evtl. nordöstlich von Ägypten ihre Heimat habe. Diese Anschauung gewinnt durch das Indusmaß eine Stütze.

Als vermittelnde Landschaft wäre Elam denkbar. Nach *Wheeler* (1959) setzte die rasche Entwicklung der Induskultur kurz vor 2500 ein (S. 82). Vielleicht muß man aber wegen der ^{14}C-Daten noch um 200–300 Jahre zurückgehen, denn schon *Wheeler* bringt für spätere Funde vor der Induskultur ein Datum von ca. 2400 (S. 94), das nach Korrektur um 3000 v. Chr. liegt. Dem entspricht die Serie von Daten, die *Sankalia* (1974, S. 564 ff) angibt. Von der Datierung her ergeben sich also keinerlei Schwierigkeiten.

Für China berichtet *Skinner* (1967, S. 43) von einer Fußeinheit von 335 mm. Deren Herkunft über Indien scheint plausibel.

Wenn es nun je einen „Nordischen Fuß" gegeben haben sollte, und das bleibt so lange Hypothese, bis sich nicht ein entsprechender Maßstab hinreichend unversehrt in einem signifikanten Zusammenhang findet, dann wird seine Länge entsprechend dieser Übersicht bei 335,3 mm gelegen haben. Was *Petrie* und *Skinner* als Streuung nur eines Maßes interpretiert haben, gibt sich als Streuung des Drusianischen Fußes einerseits und des 18-digiti-Fußes der Königselle andererseits zu erkennen. Eine gewisse Wahrscheinlichkeit besteht auch noch dafür, daß der Fuß der Kompromißelle und der Neuen Elle in diesem Gebiet der Überlappungen streut, so daß von einzelnen Objektmessungen her kaum Klarheit zu gewinnen ist. Falls also der „Nordische Fuß" im soeben eingeschränkten Sinne existiert hat, dann lag er in einem sehr weiten Gebiet randlich, d. h. westlich, nördlich und östlich von Ägypten angesiedelt.

5.3 Das Urmaß und das Megalithische Yard

Bei den Untersuchungen, die *Thom* an den Steinkreisen vorgenommen hat, hatte es sich ergeben, daß neben dem eigentlichen MY noch das Zweieinhalbfache davon als Einheit gedient hatte. Dies gilt besonders für den Umfang der Steinkreise. Nun dürfte das 2,5-fache eine recht ungewöhnliche Obereinheit sein, so daß ihr ein besonderes Gewicht zukommen muß. Ihr Bestwert ist nach *Thom* und *Thom* (1972, S. 25) 2,073 ± 0,001 m. Da sie andererseits gleich 100 megalithische inch ist, ist ein megalithischer inch 20,73 mm.

Dividiert man die Obereinheit von 2,5 MY durch 4, so erhält man 518,25 ± 0,25 mm. Dies ist das Urmaß, jedoch gegenüber dem Maßstab aus Nippur mit einer Abweichung von 0,35 mm entsprechend 0,067 % (vergl. *Rottländer* 1973).

Aus dem Bestwert der Ellen des Neuen Reiches mit 523,6 mm ergibt sich über den remen auch das Urmaß, und zwar mit 518,337 mm. Dies weicht gegenüber dem Urmaß, berechnet aus dem MY, nur um 0,09 mm ab!

Mittelt man das MY einerseits aus den statistisch bearbeiteten Werten der Steinkreise aus Großbritannien und andererseits aus den Werten der Bretagne, so folgt für die Elle des Urmaßes 518,3 mm.

(*Kendall* (1974) fand bei der statistischen Analyse der von *Thom* für England, Wales und Schottland gefundenen Maße für 2 MY den Wert 165,872 cm. Daraus folgt für das Urmaß 518,350 mm.)

Das Maß, das *Segré* (1945) für die „Elle des Ezechiel" ermittelt, beläuft sich auf 518,29 mm.

So erhält man aus verschiedenen Quellen eine derart hohe Übereinstimmung, daß man über die Genauigkeit nur staunen kann. *Wie immer man auch dazu stehen mag: Diese genaue Entsprechung läßt sich nicht wegdiskutieren.* Bereits *Thom* (1969, S. 77/8) betont ebenfalls mit Erstaunen die hohe Genauigkeit, die er vorfindet.

Dennoch ist sie nicht so groß, daß man sie der damaligen Zeit nicht zutrauen dürfte. Welche Streuungen auftreten können, ergibt sich aus der Abweichung der einzelnen Abstandskerbungen vom Mittelwert bei der Elle von Nippur (*Rottländer* 1973, S. 168). Am genauesten ist da ein Fußmaß abgetragen, aus dem sich eine Elle zu 518,437 mm ergibt. Die Elle selbst ist mit 518,0 mm relativ ungenau wiedergegeben. Das Mittel aus beiden ist 518,219 und damit durchaus zufriedenstellend.

In Tabelle II sind die Längen des Urmaßes, wie sie sich aus den verschiedenen Quellen ergeben, zusammengestellt:

Tabelle II

Urmaß	aus	*Thom* berechnet nach *Kendall*	518,35	mm
		Thom und *Thom*, Bretagne	518,25	mm
		dem remen zur Königselle, Ägypten, Neues Reich	518,34	mm
		der Nippurelle; nur Fuß- und Ellenabstand	518,22	mm
		der Nippurelle; Mittelwert	518,60	mm
		nach dem „Maß des Ezechiel"	518,29	mm
	(aus	dem Kammerton a′	518,298)	mm
		Mittelwert:	518,335	mm

Mit sehr hoher Wahrscheinlichkeit beträgt demnach die Länge der Elle des Urmaßes E_u = 518,3 mm.

(Daher errechnet sich als der zuverlässigste Wert für die Königselle 523,6 mm.)

Weil sich das Urmaß so genau reproduzieren läßt, war im Verlauf der vorliegenden Untersuchung Wert darauf gelegt worden, mindestens noch die 4. zählende Stelle anzugeben.

Newham (1972) hat unabhängig von anderen Forschern eigene Untersuchungen in Stonehenge angestellt. Er ist überzeugt, bei dieser Anlage die Verwendung eines speziellen Maßes, des „Lunar Measure", aufgefunden zu haben. Die Länge des Lunar Measure (LM) beträgt 47,56 ft oder 14,4963 m. *Newham* rundet auf 47,6 ft auf, was dann 14,51 m entspricht (S. 20).

Seite 26 führt er dann aus: „It is interesting to note the relationship between the LM and Professor *Thom*'s Megalithic Yard, … It may be nothing more than a coincidence that 1 LM = 17 1/2 MY."

Hieran fällt auf, daß die 17,5 MY schließlich 7 × 2,5 MY oder auch 700 megal. inch sind und daß damit 7 × 4 = 28 Ellen des Urmaßes vorliegen. (Aus dem aufgerundeten Wert für das LM errechnet sich das Urmaß zu 518,143 mm.)

Wie mehrfach erwähnt, fand *Thom* (1969) heraus, daß das MY in 40 Teile, die „megalithischen inches" (mi) unterteilt ist.

Williamson (1974) stellt nun eine Tabelle auf (S. 382), die Unterteilungen der Größe 2 MY und Vielfache des mi enthält. Dabei stellt er die interessante Beziehung her, daß:

1. 2 MY =   5 Sumerische Fuß seien
2. 2 MY = 100 Sumerische digiti seien.

Das impliziert zunächst, daß der Sumerische Fuß zu 20 digiti gemeint ist. Daraus folgert *Williamson*, daß die palma 5 digiti habe. Das trifft nach *Unger* (1927, S. 58/59) nicht zu, vielmehr hat der gemeinte Fuß 5 palmae zu 4 digiti.

2 MY messen nach *Kendall* (1974) 1658,72 mm. Falls dies 5 Fuß sind, entfallen auf einen 331,744 mm. Daraus folgt auf alle Fälle ein digitus zu 16,587 mm und ein normaler 16-digiti-Fuß zu 265,395 mm Länge.

Der Fuß, der an der Statue des Gudea in seiner Länge aufgetragen ist, beläuft sich auf 264,5 mm (*Unger* 1927, S. 59). Die Differenz beträgt 0,895 mm oder 0,337 %; bezieht man das auf das MY aus der Bretagne, wird die Abweichung 0,318 %. Die Übereinstimmung ist beachtlich, liegt aber etwas über der Grenze, die in dieser Untersuchung gesetzt wurde. Dagegen ist der Unterschied zwischen dem „Nordischen Fuß" von *Petrie* (1934, S. 5), der 338 mm messen soll einerseits und den 20 sumerischen digiti, die insgesamt 331,744 mm messen, andererseits mit 6,256 mm oder 1,886 % so groß, daß ein direkter Zusammenhang *nicht* angenommen werden darf.

Es ist allerdings offen, ob sich nicht folgende Maße gegenseitig beeinflußt haben:

Fuß der Gudeastatue	330,65 mm
„Fuß" zum MY entspr. 16 mi	331,74 mm
4 palmae des Pythischen Fußes (Fuß + palma)	331,99 mm
Fuß zu 18 dig. aus Urelle: 28	333,19 mm[1])
Fuß zu 18 dig. aus Königselle, Ägypten	336,60 mm
Fuß zu 18 dig. aus der Kompromißelle	335,28 mm

Als Möglichkeit bleibt sogar diskutabel, ob nicht ein „Nordischer Fuß", der wirklich als zwei Fünftel MY (= 16 mi) zu verstehen ist, nicht die Verwendung eines Fußes von 18 digiti in anderen Bereichen angeregt hat, während in Mesopotamien ein Fuß von 16 und 20 digiti nebeneinander herlief. Der Unterschied von 331,74 und 333,19 mm ist mit 0,435 % für den *praktischen* Gebrauch der damaligen Zeit zu vernachlässigen, und der 18-digiti-Fuß hatte sich im praktischen Gebrauch herausgebildet.

---

[1])   Dadurch, daß im Verlauf der Untersuchung der genaue Wert der Urelle mit 518,3 mm ermittelt werden konnte, entfallen in Tabelle 1 die Reihen 3 bis 9 der 2. Spalte und sind durch die entsprechenden Werte der Spalte 5 zu ersetzen (Abschnitt 5.2.3.1).

W. S. Reith (1974) will darauf aufmerksam machen, daß in Assyrien zur Zeit Sargons, dessen Regierung um 2300 etwa mit der Zeit des MY zusammenfalle, beim Bau des Palastes zu Khorsabad ein Maß verwendet worden sei, dessen Fuß 274,32 mm messe. Drei solcher Füße entsprächen einem MY.

Der Palast zu Khorsabad ist von Sargon II (721–705 v. Chr.) erbaut worden. In der Tat aber ist ein Drittel eines MY mit 276,433 mm völlig dem Fuß des Urmaßes mit 276,426 mm gleichzusetzen, nur betont *Thom* öfter, daß er bei seinen Untersuchungen keinen Hinweis darauf gefunden habe, daß das MY gedrittelt worden sei.

Immerhin kann *Reith* mit seinem Hinweis zeigen, daß noch im 8. Jhd. v. Chr. ein um nur 2 mm verkürzter Fuß des Urmaßes in Assyrien lebendig war; die Abweichung beträgt 0,762 %. Es handelt sich dabei um das Maß „U" von *Oppert*, der in Khorsabad grub (*Oppert* 1872, 1874).

Ein Fuß vergleichbarer Größe ist mit 275 bis 276 mm als oskisch-umbrischer oder auch italischer Fuß (z. B. *Feldhaus* 1965 oder *Nowotny* 1923) bekannt und um 80 v. Chr. noch belegt. Im Römisch-Germanischen Museum Köln wird ein Originalmaßstab von 274 mm Länge aufbewahrt (*Rottländer* 1971; *Bracker* 1974), der leider nicht genauer datierbar ist. (vergl. dazu auch Anmerkung hinter 7.21/14)

5.4 Das Maß des Gudea von Lagasch

5.4.1 Das Urmaß und das Maß des Gudea von Lagasch

Wenn einerseits das Urmaß mit dem Megalithischen Yard in Zusammenhang steht und dieses wiederum direkt mit dem Maß der Gudeastatue zusammenhängt, so muß auch das Urmaß mit dem Maß des Gudea in einem direkten Zusammenhang stehen. Dieser ergibt sich folgendermaßen: Wenn man ausrechnet, wieviel 6 Fuß des Urmaßes sind, also ein „gi", so erhält man 1658,556 mm. Diese Länge entspricht ziemlich genau dem Hundertfachen des digitus der Statue des Gudea: 16,5313 mm (Abweichung 0,327 %). Da das Urmaß einen Fuß von 16 digiti hat, entsprechen den 6 Fuß resp. dem Rohr 96 digiti. Ganz offensichtlich ist eine Neufestsetzung so erfolgt, daß 96 „alte" digiti 100 „neue" digiti werden sollen, die dann 5 „neue" Fuß zu je 20 digiti resp. zu je 5 palmae ergeben, so daß jetzt 5 × 5 = 25 palmae das „neue" Rohr ausmachen.

Diese Neufestsetzung mußte gerade in Babylonien um so sinnvoller erscheinen, als daß dort nunmehr die Doppelelle (= 2 × 30 = 60 digiti) dem Sekundenpendel entsprach. Damit glaubte man sich zu Recht „in der Harmonie des Kosmos". (Kosmos bedeutet ja Ordnung.) (*Walden* 1931)

Rückwärts errechnet sich aus dem Sekundenpendel ein digitus zu 16,541 mm, ein 16-digiti-Fuß zu 264,66 mm und ein 20-digiti-Fuß zu 330,82 mm.

Der Unterschied von 100 digiti, die sich aus dem Pendel ergeben (1654,1 mm), zu den 96 digiti des Urmaßes beträgt 4,456 mm oder 0,269 %. Diese Abweichung ist größer als die bisher bei Umrechnungen beobachteten und als Grenze akzeptierten. Dies dürfte aber weniger auf technische Unzulänglichkeiten oder fehlende Kohärenz, sondern wahrscheinlicher darauf zurückzuführen sein, daß die Absicht bestand, das Sekundenpendel möglichst genau zu realisieren.

Im Abschnitt 2.3.1 wurde erwähnt, daß Fayence-Kacheln von einem Bauwerk des Zoser dem babylonischen Maß entsprächen. Dadurch ist ein Datum von ca. 2750 v. Chr. vorgegeben. *Delaporte* (1925, 1970) bezeichnet das in Rede stehende Maßsystem als „präsargonisch". Im Abschnitt 4.3 war für Sargon I eine Zeit um 2750 begründet worden. Aus diesen Überlegungen ist zu vermuten, daß die Neufestsetzung des Maßes in oder bei Babylon um 3000 v. Chr. oder kurz später erfolgte. Das Maß konnte sich jedoch nur regional durchsetzen, schon von seiner Konzeption als Sekundenpendel her.

(Der „Nordische Fuß" von *Petrie* kann auch in diesem Maß nicht seinen Ursprung haben, weil die Differenz zum Bestwert für den 20-digiti-Fuß (330,723 mm als Mittel aus Pendel und Statue) 7,277 mm = 2,200 % beträgt. Abgesehen davon spricht die geographische Lage gegen solche Vermutungen.) (Der Unterschied zwischen den Werten aus dem Pendel und von der Statue beträgt bei 20 digiti 0,195 mm entspr. 0,05896 %.)

5.4.2 Vom Maß des Gudea abgeleitete Einheiten

5.4.2.1 Der Pythische Fuß

Skinner (1967) erwähnt einen Fuß von 249 ± 2,5 mm Länge (S. 41). Er wird der Pythische Fuß genannt oder auch der „natürliche", weil er auf der mittleren Länge der Gerstenkörner aufbauen soll. Es gilt dieses:

3 Gerstenkörner	ergeben einen Daumen
3 Daumen	ergeben eine palma
3 palmae	machen den „natürlichen" Fuß aus.

Offenbar ist hier eine konsequente Teilung in Drittel vorgenommen, die zu einer Unterteilung in 27 statt wie üblich in 28 Teile führt.

Das Gerstenkorn ist	9,2222 mm lang
der Daumen	27,6666 mm ”
die palma	82,9999 mm ”

Zwei Pythische Fuß sind 498 mm lang. Folgt man der Festsetzung, die zum Maß des Gudea führt, vom Urmaß mit 518,3 mm her und nicht von der Statue, so ergibt sich eine Elle von 497,57 mm Länge. Dies stimmt, wie schon *Skinner* feststellt, ausgezeichnet miteinander überein; die Differenz beträgt 0,0863 %. Vier „palmae" entsprechend 36 Gerstenkörner ergeben 332,0 mm, die fast dem pes Drusianus resp. 0,4 MY entsprechen.

5.4.2.2 Das Maß von Abydos

Sowohl *Petrie* (1934) als auch *Skinner* (1967, S. 44) bringen die Information, daß an einer „masonry"-Wand in Abydos ein Maß von 638,5 mm Länge abgetragen sei. Falls es sich dabei um den Tempel von Seti I handelt (der auch die Königslisten bringt), ist dadurch das Maß auf die XIX. Dynastie resp. auf ca. 1300 v. Chr. datiert (Seti I 1304–1290 v. Chr.).

Die Maßangabe entspricht einem Doppelfuß, woraus ein Fuß zu 319,25 mm abzuleiten ist. Fußmaße dieser Größe pflegen 18 digiti zu entsprechen. So errechnet sich ein digitus zu 17,736 mm. Nimmt man versuchsweise eine Elle von 28 digiti an (die ja, wie dargelegt, mit den Doppelfußmaßen einhergeht), so folgen 496,61 mm. Die Elle der Gudeastatue zu 30 digiti ergibt im Mittel 496,08 mm. Die entsprechende Umrechnung aus der Elle des Urmaßes gibt 497,57 mm (vergl. Ableitung in Abschnitt 4.4.1). Das Maß von Abydos liegt zwischen den beiden anderen Werten. Offenbar ist dort also die babylonische Elle dem Gebrauch der Zeit folgend in 28 Teile unterteilt worden, und man hat den Doppelfuß zu 2 × 18 digiti benutzt.

Von 497,57 mm ausgehend rückwärts zum Doppelfuß gerechnet, ergeben sich 639,7 mm. Dies entspricht nach *Skinner* (1967, S. 44) auf den Zehntelmillimeter genau einem in Nancy verwendeten Maß für Seide. –

639,7 mm unterscheiden sich im Effekt nun nicht mehr von jenen 640 mm, die die „Königselle" des Darius d. Gr. darstellen (*Skinner* 1967, S. 87). Sie war nach der gleichen Quelle in 2 Füße zu je 12 unciae geteilt, wobei die Unze mit 26,654 mm noch über dem englischen inch liegt.

5.5 Zur zeitlichen Konstanz der Einheiten

Wenn sich im Verlaufe der Untersuchungen immer wieder herausgestellt hat, daß zwar Umrechnungen vorkommen, aber im Grunde die einmal vorgegebene Einheit immer wieder eingehalten ist (aus dem pes monetalis zu 296,1 mm läßt sich beispielsweise durch Multiplikation mit 7/4 der Wert des Urmaßes mit 518,2 mm zurückgewinnen), erhebt sich unabweisbar die Frage, auf welche Weise dann diese Konstanz über die Jahrtausende hin bewerkstelligt worden ist.

Schon *Thom* hat mehrmals darauf hingewiesen, daß bei einem dauernden „Abschreiben", d. h. mechanischem Kopieren, unvermeidlich Fehler auftreten müssen. Sie ließen sich nur dann umgehen, wenn eine dem Urmeter vergleichbare Einheit als Referenz existierte. Die Existenz eines solchen Standards des Urmaßes über die verflossenen 5 Jahrtausende ist ganz unwahrscheinlich. Irgendwie müßte sich dieser Umstand auch in der Literatur spiegeln oder sogar überliefert sein.

Was wir kennen, ist das „Urmaß" aus dem Tempel von Nippur, die Statuen des Gudea, das Maß von Abydos und ägyptische Maßstäbe und der pes monetalis am Tempel der Vesta zu Rom. Alle diese Normen waren mehr oder minder „öffentlich" zugänglich, sie alle waren aber auch in ihrer Länge unterschiedlich.

Walden (1931) bezieht sich für die Längeneinheit auf das Sekundenpendel. Es gehört für die damalige Zeit schon ein beträchtlicher experimenteller Aufwand dazu, ein Pendel über längere Zeit in gleichförmiger Schwingung zu halten. Ein zu starkes Anstoßen führt nämlich zu ungleichförmigen Schwingungen, bei denen die Proportionalität von Pendellänge und Schwingungsdauer nicht mehr gewährt ist.

Ähnliche Bedenken treten auf, wenn *Petrie* (1934, S. 4) die rechnerisch einwandfreie Feststellung trifft, daß am Breitenkreis von Memphis ein Pendel von 740,57 mm am Tage 100 000 Schwingungen ausführen würde. Ich hege Zweifel, ob Sanduhren so gut reproduzierbare Ergebnisse liefern, daß man ein Pendel wenigstens nur eine oder besser eine halbe Stunde in Bewegung halten müßte, um einen Vergleich zu bekommen.

Der direkte Vergleich mittels einer Sonnenuhr ist nur an den Äquinoktien möglich, also an vielleicht 4–6 Tagen im Jahr. Sonst ist Tag und Nacht ungleich lang, ein Umstand, den die antike Welt nach einigen Forschern erst im 6. Jhd. v. Chr. bemerkt haben soll. Es klingt wahrscheinlicher, daß sich die Griechen erst zu dieser Zeit mit dieser Frage befaßt haben.

(740,57 mm sind 10 palmae einer Elle zu 28 digiti von 518,399 mm. *Petrie* berechnet den doppelten remen zu 740,689 mm, der zu einer Elle von 518,4825 mm gehört, aus der sich eine Königselle zu 523,74 mm ergibt. Allgemein setzt *Petrie* die Königselle zu 524 mm an.)

Nun mögen die aufgeführten Zusammenhänge wirklich im alten Mesopotamien und Ägypten bekannt gewesen sein. Es ist auch nicht a priori zu verneinen, daß bei Neufestsetzungen von Grundeinheiten solche Überlegungen einen „maßgebenden" Einfluß hatten. Für eine dauernde Kontrolle der Genauigkeit jedenfalls scheinen sie nicht geeignet zu sein.

Andererseits darf das Bestreben dieser alten Völker nicht unterschätzt werden, mit dem Kosmos in Harmonie zu leben; haben doch nach ihrer Auffassung selbst Götter ein Schicksal und sind in gewisser Weise der Welt der Dinge unterworfen. (Gilgamesch-Epos: Flucht und Angst der Götter bei der großen Flut.)

Die „Ägyptische Weisheit" ist durch das Filter der griechischen Kultur zu uns gekommen. Hier dürfte es weiter führen, sich mit der Lehre des Pythagoras zu befassen, „der von allen Menschen am meisten gewußt hat" (Heraklit).

Nach ihm benennt das Abendland den Satz von den Quadraten über den Seiten eines rechtwinkligen Dreiecks. Daß dies von der Sache her gesehen unzutreffend ist, haben nicht erst die Untersuchungen *Thom*'s in England gezeigt, vielmehr wissen wir aus den alten Texten, daß auch die Babylonier den Satz in seiner vollen Bedeutung kannten. Ein Teil der Forscher möchte indes den alten Ägyptern nur zugestehen, daß ihnen spezielle, – eingeengte – Formen des Zusammenhangs bekannt waren; Pythagoras weisen sie die Ehre zu, als erster den Satz allgemein bewiesen zu haben.

Wenn jedoch im England und der Bretagne des 3. Jahrtausends zumindest, falls nicht früher, der Satz des Pythagoras in seinen Möglichkeiten durchgespielt worden ist, so muß diese Kenntnis auch für Ägypten vorausgesetzt werden, zumal eine Vielfalt „spezieller" Fälle laufend bei der Feldvermessung und Konstruktion der Tempel (*Badawy* 1965, passim) verwendet wurde.

Es ist wohl wahrscheinlicher, daß Pythagoras eine umfassende Kenntnis des ägyptischen Wissens erworben hatte, galt doch zu seiner Zeit dieses Wissen als unübertroffen. (Es sei an die Studien Herodots in Ägypten erinnert.) Es schmälert nicht seine Bedeutung festzustellen, daß er auf einer langen wissenschaftlichen Tradition aufbaut.

Ein ganz wesentlicher Teil der pythagoreischen Lehre befaßt sich mit der Wesensgleichheit von Musik und Zahl. Harmonie in der Musik ist eine Harmonie von Zahlen. Auch die Harmonie des Kosmos spiegelt sich in der Harmonie der Zahlen und ist so mit der Musik unlösbar verbunden. Wahre Philosophie (d. i. wahre Erkenntnis der Natur) ist Begreifen von Musik und Mathematik.

Das Abendland führt die Erfindung des Monochords auf die Pythagoräer zurück. Auch dies ist wenig wahrscheinlich, vielmehr dürfte die Verwendung des Monochords zum Experimentieren auf die Pythagoäer zurückgehen. Das Gerät selber dürfte der Vorläufer der Saiteninstrumente sein, von denen Darstellungen in Wandmalereien vornehmlich der XVIII. Dynastie überkommen sind, und die nur wenige Saiten hatten. Bei *Cottrell* (1966, Abb. S. 106) z. B. sind Harfe, Laute und Doppelflöte wiedergegeben. Originale ägyptischer Lauten befinden sich im Berliner Ägyptischen Museum (Inv. No. 17 008 und 17 009). Sie gehören ebenfalls der XVIII. Dynastie an. Ein Exemplar läßt deutlich erkennen, daß nur drei Saiten aufgespannt waren.

Das Monochord wird seit alters dazu benutzt, den Zusammenhang von Tonhöhe und Länge der Saite zu demonstrieren, also den Zusammenhang von Ton und Zahl. Dabei darf sich aber nicht die Spannung der Saite verändern, sonst ändert sich die Tonhöhe mit dieser!

Ist es nun auf die Abneigung der Griechen gegenüber Flöten zurückzuführen (es sei an die Sage des Wettkampfs zwischen Apoll und Marsyas erinnert, der mit der Hinrichtung des Flötenspielers endet), daß ein anderer, weit einfacherer Zusammenhang zwischen Länge und Tonhöhe aus dem Bewußtsein nahezu verdrängt wurde (siehe Herderlexikon Bd. 6, Sp. 796, Abb. 12)?

Die Pansflöte zeigt eindeutig den Zusammenhang von Tonhöhe und Länge des einzelnen Flötenrohrs. Hier entfällt der weitere Faktor, nämlich der Einfluß der Saitenspannung auf die Tonhöhe.

Die oben erwähnte Abbildung bei *Cottrell* (1966, S. 107) zeigt die Verwendung der (Doppel-)Flöte bei den Ägyptern der XVIII. Dynastie. Die gemeinsame Verwendung von Saiteninstrument und Flöte macht die jeweilige Stimmung der Saiteninstrumente nach der Stimmung der Flöte, die ja unveränderlich ist, nötig. Dies wieder bringt es mit sich, daß man sich auf einen gemeinsamen Bezugston einigt, auf das, was man heute einen Kammerton nennt.

Dabei mußte auffallen, daß schon eine sehr geringfügige Veränderung in der Länge einer Flöte einen deutlichen Tonunterschied ausmacht und daß bei geringfügiger Verstimmung zweier Instrumente Schwebungen auftreten. Je kürzer die Flöte, desto empfindlicher wirkt sich eine Längenänderung aus. Weiter ist zu berücksichtigen, daß die Musik der Antike Vierteltonschritte kannte, wie sie in der Musik des Orients und des Fernen Ostens heute noch üblich sind. Dies setzt ein genaueres Hören voraus, als wir es heute gewöhnt sind.

Ein im gegebenen Zusammenhang wichtiges Phänomen aus der Welt der Musik ist das absolute Gehör, d. h. eine Person erkennt einen Ton in seiner Höhe absolut, wie etwa Licht in seiner Schwingungszahl absolut erkannt und als „blau" oder „gelb" bezeichnet wird. Dieses Phänomen ist nicht überaus selten, wenn auch nicht gerade üblich (Literatur: *A. Wellek*: Das absolute Gehör und seine Typen, 1938).

Eine Person mit absolutem Gehör ist in der Lage, überall eine Rohrflöte herzustellen, wie sie für den gewünschten „Kammerton" richtig ist. Ohne Vergleichsinstrument ist eine Länge von ca. 500 mm auf ± 1 mm reproduzierbar. Durch das Auftreten von Schwebungen beim Vergleich zweier Flöten ist eine höhere Genauigkeit erreichbar.

Zwei Millimeter auf 1000 ist aber die in dieser Untersuchung zugrunde gelegte Anforderung an die Übereinstimmung zweier Maße, falls Kohärenz vorliegen soll.

Wo also in der Antike Musik gepflegt wurde, bei der mehrere Instrumente gleichzeitig erklangen, waren die Voraussetzungen gegeben, einen Ton und damit eine Länge konstant zu halten. Eine Person mit absolutem Gehör war für ihr Leben „richtig eingestimmt" und konnte die richtige Übernahme des „Kammertons" an entsprechend begabte Nachfolger kontrollieren.

Entsprechend einfach war die Umstellung von einer Maßeinteilung auf eine andere: musikalisch betrachtet bedeutet dies ein bestimmtes Tonintervall!

Nachfolgende Ausführungen mögen zeigen, daß sich diese Überlegungen nicht nur in der Ebene von Hypothesen bewegen.

5.6 Die Abhängigkeit des Kammertons a' vom römischen Maßsystem

Die Wellenlänge eines Tones, der in einem beidseitig offenen Rohr erzeugt wird, ist doppelt so lang wie das Rohr (und von sonst nichts abhängig):

$$\lambda = 2\ell$$

Wie hoch ist der Ton einer Flöte, die eine römische Elle lang ist? Die Elle ist 0,444 257 m lang, die Wellenlänge des Tones ist daher λ = 0,888 514 m. Dann errechnet sich die Frequenz n zu:

$$n = \frac{c}{\lambda}$$

wobei c die Schallgeschwindigkeit ist. Die Schallgeschwindigkeit hängt etwas von der Temperatur der Luft ab. Es gilt:

$$c = 331{,}6 + 0{,}6\, t \ (\text{m/s})$$

wobei t die Temperatur der Luft sein soll. Versuchsweise soll $t_1 = 18°$, $t_2 = 20°$ und $t_3 = 22\,°C$ sein. Die zugehörigen Schallgeschwindigkeiten sind dann:

$$c_1 = 342,4, \qquad c_2 = 343,6 \qquad \text{und } c_3 = 344,8 \text{ (m/s)}.$$

Daraus errechnen sich die Frequenzen:

$$n_1 = 385,4 \qquad n_2 = 386,7 \qquad \text{und } n_3 = 388,1 \text{ s}^{-1}).$$

Welche Töne sind das nun nach unserer konventionellen Benennung?

Um dies richtig zu ermitteln ist zu berücksichtigen, daß die Frequenz des Kammertons a' im Jahre 1885 neu auf $435\ \mathrm{s}^{-1}$ festgesetzt wurde, wodurch die Tradition unterbrochen ist. Vorher lag der Kammerton bei $432\ \mathrm{s}^{-1}$, was heute teilweise noch für die Vereinigten Staaten gilt. Gleichzeitig gab es aber vor 1885 noch einen weiteren Bezugston, den Chorton. Nach *Hübner*'s Lexikon vom Jahre 1792 lag der Chorton einen ganzen Ton unter dem Kammerton.

Chorton, geht einen ʼganzen Ton tiefer als der Kammerton: Wird Chorton genennt, weil er im Chore und in der Kirche, im Singen und Musiciren, gebraucht wird; und zwar eines Theils um der Sänger willen, welche, wo der Kammerton sollte so lange angestimmt werden, nicht dauern könnten, sondern, um der Höhe wegen, heischere Stimmen bekommen würden; andern Theils, weil der tiefe Ton in der Kirche andächtiger und anmuthiger lautet, da sonderlich die menschliche Stimme sich nicht so erheben, und folglich nicht so laut schreyen darf. Wiewohl man auch die meisten Orgeln nach dem erhöheten Tone, nämlich dem Kammertone, stimmt, und dennoch Chorton nennt. Der Chorton war also vor diesem um eine tertiam minorem tiefer als der jetzige Kammerton. Weil aber dieser tiefe Ton, im Zusammenlaute vieler Instrumente, gar schwach geht, ist er fast abgegangen, und die heutigen beyden geblieben. Ist daher der rechte Kammerton, der sich von C in der Tiefe anfängt, als von dem Clave, den ein rechter Baßist in einer fürstl. Capelle mit voller Stimme erreichen kann. Einige kommen zwar tiefer herunter, allein es ist kein völliger Laut mehr.

Während der Kammerton für weltliche Musik galt, war der Chorton der geistlichen Musik vorbehalten. Der Chorton war also ein g'.

Eine Überschlagsrechnung zeigt, daß der oben berechnete Ton etwa ein g' ist. Die genaue Berechnung muß davon ausgehen, daß es einen großen und einen kleinen Ganztonschritt gibt, wie die Musiktheorie lehrt. Seitdem aber die ,,wohltemperierte Stimmung" — ungefähr zu Bachs Zeit — aufkam, gibt es noch den wohltemperierten Ganztonschritt. Für diese Ganztonschritte gibt es Faktoren f, mit denen man den tieferen Ton zu multiplizieren hat, um die Frequenz des nächsthöheren Tones zu erhalten. Die Faktoren sind:

$$f_1 = 1,125 \text{ (großer G.)}, \qquad f_2 = 1,121 \text{ (wohlt. G.)}, \qquad f_3 = 1,111 \text{ (kleiner G.)}$$

So ergeben sich bei der Umrechnung des gefundenen Tones auf das a' der alten Stimmung insgesamt neun Möglichkeiten ($3\,c \times 3\,f$). Dies zeigt Tabelle III

Tabelle III

	s^{-1}	f_1	f_2	f_3	$t\,^{\circ}C$
c_1	385,4	433,75	432,03	428,18	18
c_2	386,7	435,03	433,49	429,62	20
c_3	388,1	436,61	435,06	431,17	22
	g'	a'	a'	a'	

Hieraus folgt, daß bei einer Lufttemperatur von 18 °C der Ton aus der ellenlangen Flöte um einen wohltemperierten Ganztonschritt vom Kammerton a' der alten Stimmung entfernt liegt, daß er mit anderen Worten der Chorton der Stimmung von vor 1885 ist. Zudem folgt, daß damit die Elle des römischen Fußes in der Stimmung der Kirchenmusik auf 4 Stellen genau konserviert ist. Rechnet man von da aus schließlich auf die Elle des Urmaßes zurück, so ergibt sich ihre Länge zu

$$E_u = 518,289 \text{ mm.}$$

5.7 Das römische Maß und der Orgelbau

Stabilisierend auf die Tonhöhe dürfte sich der Orgelbau in Europa ausgewirkt haben, denn bei der Orgel liegt der Ton ebenso fest wie die Länge der Pfeifen. Der Orgelbau ist seit der römischen Antike nicht unterbrochen und besonders über den byzantinischen Hof in die Kirchen des Abendlandes gelangt. Hier sollten sich also weitere Hinweise auf das antike Meßwesen finden lassen.

Bekanntlich werden die Orgelpfeifen in Fuß gemessen. Orgeln, die nach der Mitte des vorigen Jahrhunderts gebaut sind, können keine Information mehr liefern, weil sich der Kammerton geändert hatte. In seinem Lehrbuch der Physik berichtet aber *J. Schabus* 1873, (S. 208) daß die 32-Fuß-Pfeife einen Ton von 16 Schwingungen abgegeben habe und daß dieser einem Subcontra-C entspreche. Dies gibt die Gelegenheit zu einer Überprüfung des Ansatzes des Kammertons a', weil über die Schwingung eine Angabe in m zu gewinnen ist.

Die Rechnung wird wieder von der römischen Elle ausgehend durchgeführt. Es war bereits festgestellt, daß ihr Ton 385,4 Schwingungen ausführt. Ein Drusianischer Fuß ist 3/4 dieser Elle, wodurch der Doppelfuß 6/4 oder 3/2 davon wird. Weil Pfeifenlänge und Tonhöhe zueinander umgekehrt proportional sind, ändert sich die Frequenz wie 2/3. Das Tonverhältnis 2 : 3 ist musikalisch eine Quint nach unten, d.h. aus dem g' der Elle folgt ein c' für den Doppelfuß! Vielfache des pes Drusianus ergeben also Töne der Bezeichnung c. Rechnerisch folgt:

$$n = \frac{385,4 \cdot 2}{3} \ (s^{-1}) = 256,9333 \ (s^{-1}).$$

Die Frequenz für das Subcontra-C ergibt sich aus:

$$256,9333 : 16 = 16,058$$

Dies weicht von der Angabe von *Schabus* nur um 0,36119 % ab und bestätigt damit den Ansatz des Kammertons a′ auf 432 Hz. Da aber *Schabus* für die Orgelpfeifen nur ganzzahlige Schwingungen angibt, liegt noch eine Abrundung vor, und die Übereinstimmung mag noch besser sein.

Wenn der pes Drusianus, der nur in einzelnen Provinzen Bedeutung hatte, die richtige Länge für ein c darstellt, so kommt man zur Frage, was denn dem doch viel geläufigeren Fuß zu 16 digiti musikalisch entspreche.

Dieser Fuß stellt 2/3 der Elle dar. Der Doppelfuß entspricht so 4/3 der Elle. Bezüglich der Frequenzen ist diese Proportion umzukehren, so daß ein Tonverhältnis von 3/4 entsteht. Dieses Tonverhältnis ist eine Quart, die von g′ abwärts zu rechnen ist, wodurch ein d′ folgt.

Die Tabelle IV zeigt das bisherige Ergebnis:

Tabelle IV

	Länge	Frequenz	Ton
Doppelfuß zum Drus. Fuß	666,38	256,9	c′
Doppelfuß	592,34	288,3	d′
Elle	444,25	385,4	g′
Kammerton	–	432	a′

Das besondere des Tones, der sich aus der Elle ergibt, bestand darin, daß er als Chorton die Basis der Stimmung der Kirchenmusik darstellt. Der Drusianische Fuß ergibt nun gerade den Ton, der in unserem gebräuchlichen Notensystem der Tonleiter *ohne* Versetzungszeichen fungiert. Offenbar bezieht sich doch gerade auf diese Tonleiter das Weitere. Das fordert dann die Frage heraus, warum dann diese Tonleiter den Namen „C" bekommen hat und nicht den Namen „A", wie das für das einfachste Tonsystem vielleicht zu erwarten wäre.

Heute empfinden wir so, daß wir in die Tongeschlechter „dur" und „moll" unterteilen. Das Mittelalter verfuhr da anders, indem es 12 der sogenannten Kirchentonarten kannte, die aus den antiken Tonsystemen hervorgegangen sind. Fragt man nach der *Kirchen*tonart, die nach unserer Notierung *kein* Versetzungszeichen hat, so ist das die dorische Kirchentonart, deren Tonleiter von d bis d′ geht. Damit ist aber genau die Länge des normalen römischen Fußes resp. seiner ganzen Vielfachen getroffen!

Nach der mittelalterlichen Musiktheorie gehört zu der „authentischen" Tonart „dorisch" die „plagiale" Tonart „hypodorisch", die ebenfalls kein Versetzungszeichen hat und von A bis a geht!

Die frühen und recht kleinen mittelalterlichen Orgeln hatten nur wenige Pfeifen, von Ausnahmen abgesehen, nämlich 12 bis 16, so daß ihr Tonumfang recht bescheiden war (*Körte* 1973, S. 9). Als einziger Halbtonschritt außerhalb der c-dur Tonleiter war das b′ vorgesehen. Wollte man die beiden Kirchentonarten *ohne* Versetzungszeichen spielen, so hatte man mit dem Ton zu beginnen, der heute unser A ist. Er lag am weitesten links auf der Tastatur und erhielt so den 1. Buchstaben des Alphabets. Dadurch wurde der Ton, der zum normalen römischen Fuß gehört, automatisch ein c. (*Körte* 1973, S. 19).

Durch diese vielfältigen Verknüpfungen sollte evident geworden sein, daß bis ins vorige Jahrhundert hinein die Musik, besonders die Kirchenmusik, unbewußt eine Maßtradition bewahrte, die noch über das römische Reich rückwärts in die Zeit vor 2000 v. Chr. reicht. Ebenso sollte die von Pythagoras betonte enge Verknüpfung von Maß und Ton deutlich geworden sein.

In diesem Zusammenhang sei noch auf eine Sprachgewohnheit im Deutschen hingewiesen: Wenn etwas z. B. in der Länge zusammenpaßt, sagen wir, es „stimmt" im Sinne von „es ist richtig", während der Engländer wohl eher von to fit sprechen würde. Ganz offensichtlich hat stimmen in diesem Sinne ja nichts mit einem Ton zu tun, sondern das Abstimmen in diesem Sinne ist ein aufeinander passend machen; dieses Bild ist zweifellos vom gegenseitigen Abstimmen der Instrumente genommen und beinhaltet deutlich einen messenden Sinn.

5.8 Allgemeine Schlußfolgerungen

Es sind wenige, immer wieder angewendete Prinzipien, die zu der Vielfalt der Maße aus dem Urmaß geführt haben. Das anscheinend wichtigste war der Versuch, durch Neueinteilung zu einer leichteren Umrechnung von Elle und Fuß ineinander zu kommen.

Während im 4. Jahrtausend die Elle einheitlich in 30 digiti unterteilt wird, wird in Ägypten vermutlich vor der Mitte des 3. Jahrtausends eine Unterteilung in 28 Teile durchgeführt, um auf das glattere Verhältnis Elle : Fuß = 7 : 4 zu kommen. In Sumer führt der Wunsch nach Vereinfachung dazu, daß 96 alte digiti = 100 neue digiti gesetzt werden. Die gleichzeitige Einführung eines Fußes von 20 statt bisher 16 digiti rundet die Maßnahme ab, so daß Elle : Fuß : halber Fuß = 30 : 20 : 10 sind.

In Ägypten kommt es, wohl ebenfalls um die Mitte des 3. Jahrtausends, unter dem Einfluß der Feldvermessung zu einer Umrechnung der alten Einheit nach dem Satz des Pythagoras. Dieser Vorgang ist an zwei Grundmaßen zu beobachten.

Möglicherweise noch vor Einführung der Königselle wird es üblich, eine von 7 auf 6 palmae verkürzte Elle zu benutzen. Das so einfacher gewordene Verhältnis von Elle : Fuß wie 3 : 2 wird von da ab bei vielen Maßsystemen benutzt.

Es findet sich besonders im griechischen Bereich und hat Bestand bis zur Einführung des metrischen Systems.

Daneben findet sich sehr häufig die Anhebung des Fußes von 16 auf 18 digiti, so daß sich dann kleine Elle : Fuß = 4 : 3 verhalten.

Die mathematische Beziehung $3^2 + 4^2 = 5^2$ provoziert auf der Basis eines Fußes von 18 digiti erneut eine Elle von 30 digiti.

Fast immer geht mit dem Fuß von 18 digiti der Gebrauch des Doppelfußes einher. Einige Male wurde er im Verlauf der Geschichte Ausgangspunkt neuer Maßsysteme. (Den Doppelfuß als „Elle" zu bezeichnen, ist irreführend und entbehrt jeder anatomischen Grundlage.)

Während Palästina sehr konservativ die Umrechnung nach Pythagoras nicht mitmacht und so über Phönikien ein nur wenig verändertes Urmaß schließlich ins römische Imperium gelangt, wird Griechenland mit seinen Inseln von Einheiten erreicht, die von der Umrechnung tangiert sind. Speziell für das 1. Jahrtausend v. Chr. sei für diesen Bereich die Umrechnung erwähnt, welche aus 6 Ellen des vorausgehenden Maßes ein neues 10-Fuß-Maß macht.

Insgesamt ist zu beobachten, daß zu Beginn der Entwicklung des Meßwesens die Elle die leitende Bedeutung hat. Nachdem eine Zeit lang der Doppelfuß ihr diese Bedeutung streitig machte, hat spätestens im 1. Jahrtausend v. Chr. der Fuß die Bedeutung als leitendes Grundmaß übernommen, und zwar in einer doppelten Unterteilung: neben der üblicheren Teilung in 16 digiti läuft die Teilung in 12 Unzen einher. Diese Situation bleibt dann bis zur Einführung des metrischen Systems bestehen.

Im megalithischen Bereich werden zwei Doppelellen des Urmaßes sehr selbständig als 100 digiti verstanden, die merkwürdigerweise 2,5 MY entsprechen. Dadurch enthält das MY selbst 40 digiti, die an die 40 digiti des doppelten remen erinnern.

Ist die Unterteilung des MY in 3 Fuß des Urmaßes de facto aus kultischen Gründen unterblieben?

Am konsequentesten hat die Induskultur das (durch den Kompromiß veränderte) Grundmaß dem Zehnersystem unterworfen, indem der Fuß in 5 „palmae" zu 10 „digiti" unterteilt wurde. Dieser Vorgang ist m. W. ohne Parallele. (Es darf nicht übersehen werden, daß hier der Doppelfuß in 10 „palmae" geteilt ist, also bezüglich des Doppelfußes eine Unterteilung wie bei unserem Meter vorliegt!)

Die Vielfalt der in der Antike gefundenen Maße könnte zu dem Gedanken verführen, es werde sich für jede Umrechnung unter den vielen Maßen schon ein passendes finden.

Diesen Weg ist aber die vorliegende Untersuchung nicht gegangen, sondern sie hat gefragt, auf welche Weise *die* Maße der Antike zustande gekommen sind, die für lange Zeit und große Bereiche verbindlich waren, d. h. die „Auswahl" erfolgte nicht unter dem Gesichtspunkt einfacher mathematischer Zusammenhänge. Deshalb wurde die Gudeastatue ebensowenig ausgeklammert wie die Maßstäbe der Pharaonen oder des Imperium Romanum. Auch die Ergebnisse von *Thom* sind vorgegeben und wurden nicht modifiziert. Die Ableitung des zahlreichen Einheiten des griechischen Bereichs sind gleichsam ein Beiprodukt der allgemeinen Untersuchung.

Man könnte auch fragen, welche Wahrscheinlichkeit dafür besteht, daß ein irgendwo verwendetes Maß — oder gar ein fälschlich vermutetes — zufällig in die Nähe von 518,3 mm gerät.

Um dies zu beantworten, werden die zuverlässigen Quellen für das Urmaß zusammengestellt und die Standardabweichung wird berechnet:

Thom/Kendall	518,35	mm	Abweich. v. Mittel	0,058 mm
Thom/Thom	518,25	mm	Abweich. v. Mittel	0,0416 mm
aus dem remen	518,34	mm	Abweich. v. Mittel	0,0483 mm
Nippurelle				
(nur Fuß und Elle)	518,22	mm	Abweich. v. Mittel	0,0717 mm
Maß des Ezechiel	518,29	mm	Abweich. v. Mittel	0,0017 mm
Kammerton a′	518,30	mm	Abweich. v. Mittel	0,0083 mm
Mittelwert:	518,2916 mm			

Summe der Fehlerquadrate: 0,0126832
Mittleres Quadrat der Abweichung: 0,00211386
Standardabweichung: 0,04597 mm.
Daraus folgt für die Elle des Urmaßes:

518,292 ± 0,046 mm.

Anschaulich bedeutet dies, daß mehr als 10 000 Versuche nötig wären, um einmal zufällig in den Bereich zu treffen, der durch die Verschiedenheit der Referenzwerte voneinander überstrichen wird, d. h. die Wahrscheinlichkeit, zufällig zu treffen, ist ungünstiger als 1 zu 10 000.

6 Die räumliche Verteilung der Maße in ihrem kulturellen Kontext

Mit einigem Recht ist zu erwarten, daß da, wo Maßeinheiten vom Menschen mitgenommen oder weitergegeben werden, auch andere Kulturgüter, womöglich solche der materiellen Kultur, wandern. Deshalb soll versucht werden, die Verbreitung der Maße in einen allgemeinen archäologischen Rahmen zu stellen.

6.1 Mesopotamien — Tepe Yahyā — Induskultur

Die Beziehung zwischen Tepe Yahyā und Mesopotamien einerseits und dem Gebiet der Indukultur andererseits sind von *Lamberg-Karlowsky* (1971) diskutiert worden. Eine vertiefte Studie der Handelsbeziehungen hat *Beale* (1973) vorgelegt. Um die Wende vom 4. zum 3. Jahrtausend (^{14}C-Chronologie) war vor allem die Produktion von und der Handel mit Speckstein-Gefäßen eine Basis des Wohlstands für Tepe Yahyā. Solche Gefäße sind sowohl in Mesopotamien als auch im Gebiet der Induskultur wiedergefunden worden und bezeugen damit einen wie auch immer gearteten Kontakt. Die schon erwähnten Täfelchen mit protoelamischer Schrift zeigen die Intensität weitgespannter Beziehungen.

Für eine jüngere Zeit weist *Wheeler* (1966, S. 51) auf einen besonderen Typ von goldenen Perlen hin, der sich in gleicher Weise in Mesopotamien und Troja II G aufgefunden hat. (Klassische Datierung: 2400–2300, nach ^{14}C ca. 300 Jahre früher)

In Mesopotamien fanden sich einige Siegel der Induskultur, und so fragt *Lamberg-Karlowsky*: "Why has nothing of any kind from Mesopotamia been found at any Indus site?" Die Antwort wird darin liegen, daß die Lieferanten von Rohstoffen normalerweise Verbrauchsgüter im Tausch erhalten, die in der Regel wenig materielle Spuren hinterlassen. Ein im Austausch erhaltenes Kulturgut dürfte das Maßsystem gewesen sein.

6.2 Mesopotamien — Palästina — Ägypten

Im Neolithikum ist der Austausch von Kulturgut in diesen Landschaften bereits nicht verkennbar. Mit dem Aufkommen der Bronze nimmt der Kontakt zu. Es sei nur an die schon besprochenen Rollsiegel erinnert. Eingehender werden die Beziehungen zwischen Mesopotamien und Ägypten bei *G. Childe* (1969), *C. Aldred* (1962 b), *H. Kühn* (1963) und auch *W. B. Emery* (1961) behandelt.

Palästina liefert das Beispiel für ein Gebiet, das im Einflußbereich zweier Hochkulturen liegt (*Anati* 1963, *Albright* 1961) und deshalb eine Vermittlerrolle in beiden Richtungen gespielt hat. Es wäre schon verwunderlich, wenn sich das nicht im Maßsystem wiederspiegeln würde. Es sei nochmal daran erinnert, daß sich an Ziegeln von einem Bauwerk des Zoser das Maß des Gudea findet.

6.3 Ägypten – Kreta – Ägäis

Im frühen 3. Jahrtausend sind Kontakte zwischen Ägypten und Kreta durch Importe der III. Dynastie in Knossos eindeutig belegt. In Ägypten wird zu dieser Zeit noch die Elle von 518,3 mm in ihrer Unterteilung in 30 Teile benutzt (Maßstab des Zoser), so daß sie auch in Kreta bekannt gewesen sein dürfte. In der Folge reißen die Belege für einen Kontakt nicht mehr ab, und besonders in der XII. Dynastie soll er sehr eng gewesen sein (*Hood* 1961, S. 221). Diese Kontakte sind eine wesentliche Stütze für die komparative chronologische Methode geworden. Rollsiegel aus der Zeit Hammurabis zeigen an, daß auch zum Zweistromland während des 3. Jahrtausends Beziehungen bestanden.

Die Kontakte zur Ägäis werden erst im 2. Jahrtausend v. Chr. deutlicher faßbar. Aber früher stehen auch keine Bauwerke zur Verfügung, die vermessen werden könnten, von Maßstäben ganz zu schweigen. Um die Mitte des 2. Jahrtausends freilich hat sich die Situation geändert: Der Begriff der kretisch-mykenischen Kultur faßt den betrachteten Raum zu einer Einheit zusammen.

Ebenso stehen die Kontakte der Ägäis während des 1. Jahrtausends mit anderen Mittelmeeranrainern außer Zweifel, und noch in seiner 1. Hälfte finden wir verschiedene Maßeinheiten repräsentiert, die ganz offensichtlich mit ägyptischen Quellen verbunden sind.

6.4 Bereich der Megalithkultur

Um das Verständnis zu erleichtern, sei zunächst ein Sprung in einen anderen geographischen Raum gestattet, nämlich in die Länder, in denen das Megalithische Yard gilt. Nachdem die kulturelle Kohärenz dieses Gebiets betrachtet worden ist, soll versucht werden, seine Beziehungen zum Gebiet der Gültigkeit des Urmaßes zu ermitteln. In der Verknüpfung beider Bereiche dürften die größten Schwierigkeiten beim Verständnis des Vorgetragenen liegen. Zu seiner Erleichterung kann vielleicht der Hinweis auf so allgemeine weiträumige Erscheinungen dienen, wie sie sich in der Homogenität des megalithischen Grabbaus erkennen lassen oder in der Erscheinung der Becherkulturen, die in weiten Bereichen die megalithischen Kulturen ablösen.

6.4.1 Deutschland – Iberische Halbinsel

Spezielle Phänomene werden herangezogen, um den Kontakt zwischen Norddeutschland und der Jütischen Halbinsel einerseits und der Iberischen Halbinsel andererseits zu erweisen:

Vornehmlich zwei Erscheinungen bieten sich an, die zeitlich nacheinander gestaffelt sind und beide noch vor dem Glockenbecherhorizont liegen.
Zunächst ist eine besondere Form von Bernsteinperlen zu betrachten. Sie wurden zum ersten Mal von *A. P. Madsen* (1872) bemerkt, der ein Exemplar abbildet. Es handelt sich dabei um eine konische, längsdurchbohrte Art, von denen *C. Neergard* (1888) ein weiteres Exemplar abbildet (Abb. 5 und 13). Hierzu siehe Anhang Abb. 1–13.

K. Thorvildsen (1941) stellt diese Perlen dann mit ähnlichen, aber wesentlich unregelmäßiger geformten zusammen und behandelt sie als einen besonderen Typ. Er schreibt (S. 55) etwa dieses: ,,Aus elf Grabfunden kennt man einen kleinen, konisch geformten Perlentyp, der eine mehr oder weniger halbkugelförmige oder pyramidenförmige Gestalt haben kann. Er ist immer von der Spitze her durchbohrt'' (Abb. 1–4; 6–9)

P. V. Glob (1952) bildet zwei weitere Exemplare ab. *B.* und *I. Sylvest* (1960) liefern zu den elf bis dahin bekannten Stücken durch den Fund von Årupgård noch acht weitere Exemplare dazu (Abb. 6–9). In Årupgård wurden diese wohl am besten birnenförmig zu nennenden Perlen in einer Ösenkruke gefunden, wodurch diesmal ein chronologischer Anhaltspunkt gegeben ist. Leider sind aber solche Kruken nicht sehr scharf zu datieren, so daß der zeitliche Ansatz noch das Ende der Dolmenzeit wie auch den Beginn der Ganggrabzeit umfaßt, d. h. eine Zeit von 3000–2800 v. Chr. (Mit diesen birnenförmigen Bernsteinperlen dürfen nicht die von *Ozols* (1972) mit dem gleichen Namen belegten Bernsteinperlen verwechselt werden, deren Form zwar ähnlich ist, die aber keine Längs-, sondern eine Querbohrung haben (S. 129.)

Ihre Bedeutung haben diese Perlen für das vorliegende Problem deshalb, weil drei Vertreter dieser Art auf der Iberischen Halbinsel gefunden worden sind, während sie sonst nirgendwo mehr vorkommen. *Leisner* und *Leisner* (1943) verzeichnen ihr Auftreten einmal in Los Millares, Grab 74, und in zwei Exemplaren in Grab 3 von Alcalá, Prov. Algarve, Portugal (Abb. 10–12). Die Perlen fanden sich jeweils in Ganggräbern. Schon der in dieser Gegend sehr seltene Bernstein zeigt ihre Besonderheit. Ein sehr ähnlicher Typ, allerdings aus Ton, mit einer am größten Umfang umlaufenden Rille, fand sich im Felskuppelgrab von Palmela, Estremadura (*Leisner* 1965, S. 123). Weiter soll sich ein vergleichbares Stück aus Ton von der Cueva de la Mora, Huelva, im Museo Arqueologico de Sevilla befinden.

Weder in Dänemark noch auf der Iberischen Halbinsel scheinen diese Perlen eine große zeitliche Tiefe zu besitzen.
Zwar weisen *Sylvest* und *Sylvest* auf den engen Zusammenhang zwischen dem Fund von Årupgård und dem nur 4 km entfernt gemachten Fund von Bygholm ist, doch ist auch dieser Fund nicht genauer als Ende Dolmenzeit – Anfang Ganggrab-

zeit zu datieren, weil einerseits die Rekonstruktion des beigefundenen Gefäßes noch strittig ist, andererseits Trichterbecher wohl eine sehr genaue Datierung nicht gestatten."

Forssander (1963) weist auf die Beziehung zwischen dem Bygholmfund und der Alcalá-Kultur hin, die er im megalithischen Zusammenhang, in dreieckigen Pfeilspitzen aus Feuerstein mit langen Widerhaken, in länglichen Flachbeilen aus Kupfer und Kleinschmuck aus Gold sieht.

In ähnlicher Richtung argumentiert *Daniel* (1958, S. 57): "At Bygholm, near Horsens in Jutland, there was found a hoard dating from the beginning of the Passage Grave period. It consisted of four flat axes of stone (sic!), three spiral armlets and a copper dagger with a midrib on face. This dagger is very like those from Passage Graves in southern Portugal and could perhaps be used to establish a synchronism between the early Passage Graves of northern Europe and Iberia."

Driehaus (1960, S. 168, Anm. 1) kann sich dieser Betrachtungsweise nicht anschließen. Er schreibt: „Genaue Parallelen zu dem Bygholmer Dolch sind bisher noch nicht bekannt... Der Dolch von Los Millares, Grab 57, den *V. G. Childe* als Parallele heranzog ... zeigt ein beidseitig gekerbtes Heft. Er steht mit dieser Eigenart in Zusammenhang mit zahlreichen spanischen Stücken, die alle nicht dem Bygholmer Dolch entsprechen...".

In der Tat stammt der Bygholmer Dolch aus einem einschaligen Guß (Pfannenguß) und zeigt die Rippe deshalb nur auf einer Seite, während die iberischen Stücke aus zweischaligen Güssen stammen. Ob aber der Bygholmer Dolch wirklich ohne Kerben war, dürfte schwer festzustellen sein, da das Blatt am griffseitigen Ende stark korrodiert ist und zwei Einschnürungen zeigt, ehe die Kurve zum Abschluß umbiegt.

Sowohl von den nordischen Kupfern als auch von den iberischen Kupfern liegen Spektralanalysen vor. Nach der Klassifikation von *Junghans/Sangmeister* (1960) bestehen alle hier interessierenden Stücke aus E 01 Kupfer. Als solches ist es nicht spezifisch für eine bestimmte Lagerstätte, sondern für eine bestimmte Gattung von Kupfervorkommen, den oxidischen und carbonatischen Erzen. Es reicht daher die *Kenntnis* des Gewinnungsverfahrens aus, um ein Kupfer der Gruppe E 01 zu erzeugen. So ist z. B. das Helgoländer Kupfer genauso geeignet wie Zickauer Erze, um in die Gruppe E 01 zu gelangen.

Am jeweiligen Ort sind die E 01-Kupfer in den Beginn der Erzverarbeitung zu stellen, weil die zugehörigen Erze am einfachsten zugänglich sind.

Stellt man die Analysen der „nordischen Kupfer" (Årupgård, Bygholm, Riesebusch) den „südlichen Kupfern" (Alcalá, Los Millares, evtl. auch noch El Argar, obwohl bereits glockenbecherzeitlich) gegenüber, so ergibt sich, daß die südlichen Kupfer mehr als 0,1 % Silber enthalten, während die nordischen 0,05 % gerade erreichen. Durchweg liegt der Arsengehalt der nordischen Kupfer tief bei etwa 0,8 % (obwohl er auch überschritten wird), während die südlichen Kupfer im allgemeinen die 2 %-Marke überschreiten. (Allerdings sind die relativ wenigen Analysen nicht ausreichend, um eine allgemeine Unterteilung der Gruppe E 01 vorzunehmen.) Es zeigt sich so, daß verschiedene Erze in beiden Gebieten verarbeitet wurden. — Die

Kupfer vom Mondsee sind von *Witter (Otto* und *Witter* 1952) in eine andere Gruppe gestellt worden. –

Somit sind die Kupfergegenstände des Nordens mit hoher Wahrscheinlichkeit lokale Produktion. Dennoch sind sie nicht ohne die Kenntnisse des Südens denkbar, denn ein Importstück löst nicht die Fähigkeit aus, es nachahmend herzustellen. So ist denn ein persönlicher Kontakt, der die Technologie der Verhüttung, des Gießens und der Versteifungsrippe vermittelte, anzunehmen.

Damit ist, weil sonst Zwischenfunde fehlen, ein weiterer Kontakt zur Iberischen Halbinsel nahegelegt. Auf dem Hintergrund dieser so weit reichenden Beziehungen gewinnen die isoliert wenig aussagenden Funde von Goldblech und Gagat in Los Millares/Alcalá Bedeutung, indem sie zu den reichen Vorkommen in England/Irland weisen.

Somit wird dann auch der Bernstein als Material interessant, obwohl in Teruel, weniger als 500 km entfernt, in Spanien selbst Bernstein ansteht.

Für vorliegende Untersuchung ist es indes weniger bedeutungsvoll, ob das Material selbst gewandert ist, oder nur die Idee zur Herstellung einer bestimmten Perlenform. Es gibt nämlich in spanischen Megalithgräbern noch weiteren Bernstern in unspezifischen Formen (*Leisner* 1943, S. 476). Die birnenförmigen Bernsteinperlen haben dagegen chronoloische Bedeutung, indem sie die Übergangsphase Dolmenzeit/Ganggrabzeit im nordischen Raum mit der Zeit von Los Millares I parallelisieren. Bernsteinperlen treten nur in Los Millares I, nicht mehr in II auf. Eine allerdings nicht birnenförmige Bernsteinperle fand sich in Llano de la Teja in einem Grab, das *Leisner* (1943) noch in seine Stufe II stelllt, die Los Millares I vorausgeht. Ob dies bedeutet, daß Bernsteinperlen an den Anfang von Los Millares I zu stellen sind, bleibt offen. Andererseits liegt es nahe, so zu verfahren, weil sich damit eine Annäherung an die archäologische Datierung ergibt. *Sangmeister* (1960) läßt Los Millares I nämlich um ca. 2450 beginnen. (Später drückt er dieses Datum auf ca. 2200, stößt damit allerdings auf Kritik.) Die ^{14}C-Daten von Los Millares I sind:

KN 72	2430 ± 120 BC	3220–3130 v. Chr. Grab 19
H 204/247	2345 ± 85 BC	3150–2960 v. Chr.

Sie stimmen *vor* der Korrektur nach Jahrringen mit dem archäologischen Ansatz überein.

Für den letzten Abschnitt der Dolmenzeit, das FN C nach *Becker*, gibt es zwei Daten, von denen das jüngere nach *Stürup* (1965) das weit zuverlässigere ist:

K 923	3310 ± 100 BC	4160–4020 v. Chr.
K 919	2900 ± 100 BC	3710–3680 v. Chr.

Diese Daten sind so früh, daß sie trotz der Dauer des FN C die Perlen für das Ende der Dolmenzeit ausschließen und an den Beginn der Ganggrabzeit rücken.

Für deren frühe Phase gibt es weitere ^{14}C-Daten:

K 978	2540 ± 120 BC	3360−3210 v. Chr.
K 727	2490 ± 120 BC	3310−3160 v. Chr.
K 717	2480 ± 120 BC	3290−3150 v. Chr.
K 718	2440 ± 120 BC	3230−3130 v. Chr.

Diese Daten überlappen sich mit den Daten von Los Millares I, so daß damit die Parallelisierung bestätigt ist, die durch die birnenförmigen Perlen gegeben ist.

Neben den Idolen nimmt in Los Millares die Symbolkeramik eine besondere Stellung ein. Vornehmlich ist auf ihr ein bewimpertes Augenpaar dargestellt. Einmal kommen auf dem Boden einer Schale fünf Augen vor, deren Wimpern als Punkte dargestellt sind (Abb. 20). Mit einer Ausnahme, einem Becher (Abb. 25), befindet sich die Darstellung des Augenpaares immer in der oberen Hälfte von weitmundigen, flachen Gefäßen. Fast immer ist das einzelne Auge so dargestellt, daß sich die Wimpern zwischen zwei Kreisen befinden. Ein Punkt im Zentrum gibt die Pupille an. Augenbrauen sind meist dargestellt, und zwar wie die Augen eingeglättet, nicht als Wülste aufgetragen.

Die Gefäße mit Augenmotiv (Abb. 17−26) gehören der Phase Los Millares I an und reichen nicht mehr in den Glockenbecherhorizont herein.

Ganz enge Parallelen zu diesen Gefäßen gibt es in Norddeutschland und Skandinavien (Abb. 14−16, 27−32, 34−42). Auf den Tafeln sind nicht alle Beispiele abgebildet. (Weitere finden sich bei *Knöll* 1959, auf den Tafeln 4/6; 7/4, 8/11, 35/11, 13.) Die Abbildungen 19 und 29 zeigen Vorder- und Rückseite eines Gefäßes aus Los Millares (Grab 15 nach *Leisner*). In drei Fällen sind 27 Wimpern, einmal 26 Wimpern dargestellt. Weniger nahe sind Darstellungen der TBK Schwedens hiermit verwandt, die sich bei *Burenhult* (1973) und *Ramsbög* (1971) abgebildet finden.

Müller (1970) erblickt in der Summe der Wimpern, die mit den Augen zusammen 56 ergeben, einen Hinweis auf das „Metonische Jahr", ein Zyklus von 56 Jahren, nach dem die Ausgangskonstellation der Gestirne wieder erreicht ist. (S. 70, Abb. 38, Herkunftsangabe irrig!)

Riemschneider (1953) hat herausgearbeitet, daß es bei der Darstellung eines Augenpaares um die Symbolik von Sonne und Mond geht, die als göttliche Zwillinge gedacht sind. (Vgl. weiter unten)

Bei der „nordischen" Keramik gesellt sich zu dem Augenpaarsymbol ein weiteres dazu, das mit jenem zu einer Darstellung des Gesichts zusammengefaßt ist.

Dieses Symbol sieht, durch die Zusammenstellung mit den Augen evtl. nur suggeriert, wie Augenbrauen aus, teilweise mit der „Nase". Im Gegensatz zu den eingeglätteten Augenbrauen der spanischen Keramik sind hier die Brauen plastisch aufgesetzt. Es läßt sich leicht zeigen, daß dieses Symbol eigenständig ist. Einerseits gibt es in der Trichterbecherkultur eine Anzahl von Gefäßen, die nur das Brauensymbol tragen; bisweilen tritt der Henkel oder eine durchbohrte Griffknubbe als „Nase" hinzu. Andererseits gibt es Gefäße, bei denen das Auge *über* den Brauen angebracht ist (Abb.15). Es kann auch vorkommen, daß das Auge tief unter die plastischen Brauen gerückt ist und dazugehörig noch einmal Brauen eingeglättet sind (Abb. 38).

Auf den Gefäßen der Trichterbecherkultur ist die Darstellung des Augenpaarmotivs in das obere Drittel des Gefäßes gerückt. Da an diesen Gefäßen der obere Teil durch einen mehr oder minder ausgeprägten Umbruch vom unteren Teil abgetrennt ist, ist damit das Feld gegeben, in dem sich die symbolische Darstellung befindet. Zwar treten wie im Süden die Symbole nur an weitmundigen, flachen Gefäßen auf, doch ist der Keramiktyp jeweils durch das heimische Typenspektrum gegeben, ebenso wie der Formenschatz des sonstigen Ornaments.

Der durch die Symbolkeramik gegebene Kontakt des Bereichs der megalithischen Trichterbecherkultur mit der Iberischen Halbinsel liegt zeitlich später als der Kontakt, er durch die birnenförmigen Bernsteinperlen angezeigt ist (vgl. *Rottländer* 1973 b, S. 13). Die Symbolkeramik gehört der mittleren bis späten Ganggrabzeit an. *Mönnich* (1963, S. 116) engt ihr Vorkommen auf den Zeitraum Bundsø – Lindø ein. Da der Beginn der Ganggrabzeit unkorrigiert auf ca. 2450–2500 BC anzusetzen ist, andererseits ein Datum von Heidmoor „5 cm unter dem Glockenbecherhorizont und darin" 2020 ± 170 BC (H 28/33) ergibt, steht für die Zeit der Symbolkeramik nur eine relativ enge Spanne zur Verfügung. Sie erweitert sich allerdings, wenn man die Korrektur nach *Suess* berücksichtigt: 3300–2500 v. Chr. *Vogel* et al. (1969) bringen für das nordische Mittelneolithikum die Zeit von 3400–2700 in Anschlag. Die Zeitspanne beträgt also rund 700 Jahre. Erkennt man jeder der fünf mittelneolithischen Stufen die gleiche Dauer zu, was nur annäherungsweise zutreffen kann, dann entfallen auf jede ca. 140–150 Jahre. Für die Symbolkeramik wäre dann ein Zeitraum von 2800–2700 vor Chr. vertretbar. Geht man wieder auf die nicht korrigierten Daten zurück, so folgt ca. 2150 BC, was mit dem archäologisch gewonnenen Zeitansatz voll übereinstimmt.

Der über die Symbolkeramik ermittelte Kontakt TBK – Spanien liegt also um 300–400 Jahre nach dem Kontakt, der sich durch die birnenförmigen Bernsteinperlen ergibt.

Als „Zwischenstationen" für den Kontakt der Vorkommen der Symbolkeramik ließe sich allerdings nur ein Gefäß (Abb. 25) vom Tholos de Monte de Onteiro, Prov. Alentejo, anführen. In der Bretagne gibt es Augensymbolik, doch fehlen die Wimpern (Abb. 43 und 44).

In mehr oder minder abgewandelter Form treten die Symbole der Symbolkeramik recht weit verstreut auf, was noch behandelt werden wird.

Im mittleren Europa kennt man vergleichbare Darstellungen allerdings nur an Gefäßen der Mondseegruppe. Die Unterschiede sind auffallend: Die Linien sind bedeutend grober, die Strahlen sind kürzer und die Paarigkeit der Augen ist aufgegeben. Die Gefäße sind zudem nicht weitmundig-flach sondern rundbauchig. Die Darstellungen befinden sich in der Gefäßmitte oder noch tiefer (Abb. 59). So ist denn die Ähnlichkeit zu der bisher besprochenen Keramik weit geringer als diese sich untereinander ähnelt.

Damit sind allerdings die Hinweise noch nicht erschöpft, die den Kontakt der Trichterbecherkultur mit „dem Süden" ganz allgemein anzeigen. Die Quellen sind jedoch im Süden nicht genauer zu lokalisieren.

J. Brøndsted (1960, S. 137) trägt in seiner Tabelle zu Beginn der Ganggräberzeit den Weinpollen als Kulturpflanze in Dänemark ein. Dies basierte seinerzeit auf *einem* gut gesicherten Weinpollen aus einem Moorprofil. Inzwischen gibt es über 10 solcher Belege (mündliche Mitteilung von Prof. *R. Schütrumpf*). Weinpollen werden vom Wind nur über sehr kurze Distanzen getragen, so daß der Wein als Pflanze importiert worden sein muß; woher er aber gekommen ist, liegt damit nicht genau fest. Nur eins erscheint sicher, nämlich daß er sich nicht schrittweise auf dem Landwege über Europa ausgebreitet hat, weil er dann seine Spur in den Pollenspektren hinterlassen hätte.

Auf einen weiteren Südkontakt hat *Sprockhoff* (1952) gelegentlich der Publikation des Megalithgrabes von Oldendorf hingewiesen. (Die Kammer ist 1,65 m breit; 1,6586 m entsprechen 2 MY) Unter den Beigaben des gestörten Grabes befand sich neben Bernstein „... eine ganz erhaltene Schale mit hochgezogenem Henkel ..." (S. 167) neben zwei anderen Fremdsachen (Abb. 51 und 52). Wie *Sprockhoff* herausarbeitet, ist die Schale einem metallenen Vorbild nachgeformt, was durch den Omphalosboden zur Gewißheit wird. Dieser Fund, ebenfalls aus der mittleren Ganggrabzeit, hat keine Vorbilder in Niedersachsen. *Sprockhoff* (S. 171) spricht sich für persönliche Kontakte mit der Ägäis aus. Als Zeitansatz hält er minoische Ware der mittelhelladischen Epoche für gegeben. Darin folgt ihm *Kunze* (*Sprockhoff* 1952, S. 174) nicht. Nach dem bisher in dieser Untersuchung erarbeitetem Schema sollte dem Fund zeitlich Frühhelladisch II entsprechen; die beigefundene Fußschale dürfte Parallelen in Stücken aus Frühminoisch II/III finden.

Möglicherweise wird der Kontakt auch noch durch eine andere Objektgattung belegt, von der allerdings bisher nur ein Fund gemacht wurde. Es handelt sich um ein aus Knochen gearbeitetes, flaches, ca. 5 × 7 cm großes Stück, in dem *Sprockhoff* (1938, Tafel 56) einen Schmuck erblickt. Es wurde in Tangermünde gefunden und wird der Walternierenburg-Bernburger Kultur zugeordnet, die etwa einem MN II—III entspricht, wodurch wieder eine Gleichzeitigkeit zu Bundsø gegeben ist.

Das am oberen Ende beschädigte Stück zeigt zwei nicht durchgehende Anbohrungen von ca. 8 mm ⌀. Dreiviertel des unteren Teiles sind mit fünf Zickzackbändern überzogen, von denen vier schraffiert sind. Den unteren Abschluß bildet eine Reihe stehender, schraffierter Dreiecke (Abb. 62).

Dies einstweilen singuläre Stück besitzt große Ähnlichkeit mit aus Schiefer gefertigten Stücken von Alemtejo, Portugal (Abb. 63—65), die dort in Ganggrabzusammenhang gefunden wurden (*Savory* 1968). Sie befinden sich im Portugiesischen Ethnologischen Museum, Belém. Drei der abgebildeten Stücke (*Savory,* Tafel 19) haben vier schraffierte Zickzackbänder, vier Exemplare haben stehende, schraffierte Dreiecke. Vier von ihnen haben Augen, die teils als Durchbohrungen, teils durch Ritzungen dargestellt sind. In einem Falle sind es Strahlenaugen, im anderen Falle nicht.

Diese Stücke entsprechen, worauf *Savory* auch hinweist, Exemplaren aus Stein und Knochen, die in Los Millares gefunden worden sind. (Vgl. z. B. *Savory*, Tafel 33 g, auch S. 161, Abb. 53 f–j; im vorliegenden Buch: Abb. 66) Auffallend ist zudem die formale Ähnlichkeit mit den skulpturierten Menhiren sowie den Gravuren auf solchen in der Bretagne, womit sich *Rollando* (1971, S. 47–51) und *Herity* (1974, S. 90–115) beschäftigten. *Rollando* (S. 48, VII) verweist auf cyprische Vorbilder. (Dazu etwa *Kühn* 1963, Abb. 144; im vorliegenden Buch: Abb. 67) Doch scheint die formale Beziehung des „Idols", das *Savory* abbildet (Tafel 19 f.), zu einem Exemplar größer zu sein, das mit anderen ähnlichen im Tempelhügel von Tell Brak, Nordwestmesopotamien, gefunden wurde (Abb. bei *Mallowan* 1962, Tafel 18 unten Mitte). Es wird um ca. 2900–3000 datiert. Die Augen sind nicht von einem Strahlenkranz umgeben, wie das auch für das portugiesische Exemplar zutrifft. Wie *Riemschneider* (1965, S. 1 ff.) auseinanderlegt, handelt es sich um die Darstellung des Augengottes, dessen Augen Sonne und Mond wiedergeben. Sein Kult soll sehr weit verbreitet gewesen sein.

6.4.2 Irland – Iberische Halbinsel

M. Herity (1974) stellt ein Alphabet von Mustern und Motiven der irischen Ganggräber zusammen (S. 104, Abb. 81), wo das Motiv der Augensymbole in mehrfacher Abwandlung vertreten ist.

Wegen der formal fast mit den iberischen Stücken identischen Ausführung der Augen muß die Ostseite des Dowth-Tumulus besonders hervorgehoben werden, an der sich die Darstellungen häufen (*Herity*, S. 34, Abb. 28). *Herity* weist auch die Parallele mit dem Stein von Le Petit Mont, Betragne, nach (Abb. 73). Auf Seite 109 spricht er sich eindeutig dafür aus, in der iberischen Symbolkeramik die Vergleichstücke zu sehen. Darüber hinaus verweist er auf die Strahlenaugen auf den iberischen Idolen. Als Beweis eines Kontakts zieht er die querschneidigen Pfeilspitzen heran, die in gleicher Form in der Bretagne, in Skandinavien, Norddeutschland und auf der iberischen Halbinsel vorkommen (*Herity* 1974, S. 183).

Bei den iberischen Ganggräbern kommt das Augenmotiv zusammen mit dem Spiralmotiv vergesellschaftet vor. Damit ist eine weitere Brücke zur Bretagne geschlagen.

Aus New Grange, wo das Spiralmotiv vertreten ist, liegen einige ^{14}C-Daten vor:

2585 ± 105 BC	3380–3250 v. Chr. (UB 361)
2500 ± 45 BC	3330–3160 v. Chr. (GRN 5462)
2415 ± 40 BC	3200–3100 v. Chr. (GRN 5463)

Diese Daten entsprechen mehr der Zeit der birnenförmigen Bernsteinperlen. Ob aber die Ornamente gleich bei der Errichtung der Ganggräber angebracht wurden, muß offen bleiben. Immerhin wurden die Grabanlagen längere Zeit benutzt.

In den irischen Ganggräbern fand sich auch Bernstein. Leider gibt es aber keinen sicheren chronologischen Zusammenhang.

Von den Shetlandinseln ist eine Idolplatte bekannt, die den iberischen Exemplaren nahesteht (Abb. 68).

6.4.3 Iberische Halbinsel — Mittelmeerangrenzer

In den vorausgehenden Abschnitten konnte ein näherer Kontakt zwischen Gebieten wahrscheinlich gemacht werden, die sonst meistens recht kleinräumig — isoliert betrachtet werden. Umso deutlicher tritt jetzt die „Nahtstelle" zwischen der Iberischen Halbinsel und den weiter östlich liegenden Anrainern des Mittelmeers hervor. Zwar ist lange Zeit von der Forschung der Kontakt zwischen Spanien und „der Ägäis" betont worden, doch hat *Renfrew* in den letzten Jahren (1971, 1968, 1967), angeregt durch die ^{14}C-Daten, wohl überzeugend dargetan, daß Spanien nicht durch diejenigen Erscheinungen mit dem östlichen Mittelmeer verbunden war, die bisher dafür in Anspruch genommen wurden. Seitdem tut sich die Forschung etwas schwer, die als offenbar empfundene Beeinflussung von Osten und Süden her neu zu begründen. Zu sehr wirken die alten Vorstellungen nach.[1]

Auch hier soll nun nicht versucht werden, Schritt für Schritt den Zusammenhängen zu folgen, sondern aufzuzeigen, daß das Symbol des Strahlenauges nicht auf die bisher behandelten Gebiete beschränkt war.

Dies ist neben dem Zusammenhang, der durch die Maßeinheit gegeben ist, natürlich nur *ein* weiteres Indiz. Es mag vielleicht sogar noch dadurch weniger überzeugend wirken, als daß das Augensymbol in den nun zu behandelnden Bereichen kaum noch paarweise auftritt. Bisweilen ist auch die genaue zeitliche Fixierung schwierig. Dennoch sollte deswegen nicht unterdrückt werden, daß von Sizilien eine hinreichend nahe Erscheinung bekannt ist. Es handelt sich um die Keramik der Stentinello-Kultur (Abb. 56—58), an der gelegentlich ein stilisiertes Auge eingeglättet vorkommt (*B. Brea* 1966, Tafel 12 und 14). Die Strahlen umgeben das Auge nicht vollständig, vielmehr hat man den Eindruck, als ob zwei Beine an das Auge angefügt seien (Abb. 14 rechts bei *B. Brea*). Die Datierung der Stentinello-Kultur durch *Brea* liegt indes so früh, daß eine Verbindung mit dem hier behandelten Thema ausgeschlossen erscheint. Andererseits dauerte diese Kultur recht lange, und sie ist recht spät unter ihren verwandten Erscheinungen einzuordnen. *J. D. Evans* hält ihr Bestehen in der Zeit zwischen 3000 und 2500 für möglich (*Evans* 1963, S. 33—34). Dieser Ansatz würde mit den bisher entwickelten Vorstellungen parallel gehen.

Weiter östlich kommt das Augenmotiv auf den sogenannten Kykladenpfannen vor (Abb. 50; vgl. z. B. *Beest-Holle* 1970). Hier ist es ebenso wie in Irland mit dem Spiralmotiv vergesellschaftet. Die Kykladenpfannen sind nach Frühkykladisch zu stellen, so daß sie mit Frühminoisch II parallel liefen. Dieser zeitliche Ansatz ent-

---

1) Jüngst hat aber *Höckmann* (1976) auf eine Reihe Parallelen hingewiesen, die in frühhelladisch I und II liegen.

spricht demjenigen, der für das Grab von Oldendorf wahrscheinlich gemacht wurde, d. h. die Mitte des 3. Jahrtausends oder etwas früher (nach korrigierten ^{14}C-Daten).

6.4.4 Europa — Afrika — Asien

Einen sehr vagen Kontakthinweis ergibt die Betrachtung der Verbreitung von Pfeilspitzen, wie dies *Herity* schon getan hat. Vage ist der Hinweis deshalb, weil die Formen nicht sehr spezifisch sind und vor allem eine beträchtliche zeitliche Tiefe aufweisen.

Die querschneidige Pfeilspitze aus Feuerstein gibt es als Typ seit dem Mesolithikum. Wenn *Herity* auf ihre gemeinsame Verbreitung in England, Irland, Skandinavien, Norddeutschland und auf der iberischen Halbinsel hinweist, so handelt es sich dabei um ein Wiederaufleben einer alten Technologie in der Ganggrabzeit.

Sofern sich die vermuteten Datierungen bestätigen sollten, findet sich die geflügelte Pfeilspitze mit Dorn in der Bretagne auch bereits in Ganggrabzusammenhang. In England tritt sie vielleicht schon vereinzelt in Ganggrabzusammenhang auf (*Herity* 1974, Abb. 121/7, Harristown). Voll kommt sie aber erst mit den Becherkulturen auf. Das gilt auch für Deutschland, wo die gedornte geflügelte Pfeilspitze eindeutig an die Glockenbecher gebunden ist. Ebenfalls im Südosten der Iberischen Halbinsel ist dieser Typ bereits in der Kupferzeit anzutreffen (*Savory* 1968, S. 80). Im Norden Afrikas ist dieser Typ der Pfeilspitze vorhanden, aber zeitlich nicht fixierbar.

Für das Alte Ägypten ist die querschneidige Pfeilspitze charakteristisch genannt worden (Katalog des Ägyptischen Museums Berlin, S. 48). Sie ist aus dem Grabe Tut anch ammuns bekannt geworden und findet sich überhaupt noch im 14. Jhd. v. Chr., ist also typologisch ein Durchläufer. Dagegen fehlt die geflügelte Pfeilspitze mit Dorn. An ihre Stelle tritt gewissermaßen ein schmales Dreieck mit extrem konkaver Basis. Dazu gibt es vergleichbare Stücke in Südwestspanien (*Savory* 1968, S. 80), aber auch solche mit nur schwach konkaver Basis kommen dort vor. Diese wiederum lassen sich in jungneolithischem Zusammenhang bis nach Deutschland hinein verfolgen.

Aus Ur dagegen gibt es, allerdings in Kupfer (?, Bronze?), einen Pfeilspitzentyp, der der geflügelten gedornten Spitze entspricht (*Childe* 1969, S. 117).

Ebenfalls aus Kupfer (?) ist eine Pfeilspitze, die den ägyptischen Typen mit stark konkaver Basis entspricht. Sie wurde in Mohenjo — daro gefunden.

In Westturkestan (Jeitun-Kultur) kennt man dagegen wieder die querschneidige Pfeilspitze aus neolithischem Zusammenhang.

Hieraus ist ersichtlich, daß sich offenbar bestimmte Typen der Pfeilspitzen als besonders erfolgreich erwiesen haben und große Regionen erobern konnten. Daraus ergibt sich zwar ein Kontakt, doch hat dessen Interpretation sehr vorsichtig zu erfolgen, da ja schon ein einziges Muster des Typs mühelos die Nachahmung ermöglicht.

6.5 Das Augenmotiv in Asien

6.5.1 Der Vordere Orient

Kreta leitet von den Kykladen nach Anatolien über, doch sind typische Strahlenaugen nur aus spätem minoischen Zusammenhang bekannt (*Boardman* 1961, S. 130 und Tafel 35), doch ist die Ählichkeit mit den Stücken von Los Millares sehr stark (Abb. 54–55, 69).

Für Anatolien braucht dagegen nur Troja II genannt zu werden, um sofort die Assoziation mit den Gesichtsvasen wachzurufen.

Die Gesichter auf diesen Gefäßen sind gut ausgebildet, besonders das Augenbrauenmotiv, das in der Trichterbecherkultur eine so große Selbständigkeit zeigt. Eigentliche Strahlenaugen treten nicht auf.

Zeitlich liegt diese Erscheinung im gleichen Horizont wie die Symbolkeramik in Spanien und die der TBK.

Es ist vielleicht nicht überflüssig zu erwähnen, daß mit dem (umstrittenen) Dorak-Fund, der nach der Kartusche der V. Dynastie zugehört und daher bis zu 2700 v. Chr. heraufdatiert werden kann, Bernstein in Anatolien auftritt. Anatolien selbst hat keine natürlichen Bernsteinvorkommen.

Von Palästina ist ein isoliert dargestelltes Sternauge mit zehn leicht gebogenen Wimpern bekannt (Abb. 47). Es ist auf einer weitmundigen Schüssel angebracht, die aus Bet-shan stammt. Sie gehört in die Frühe Bronzezeit III, die nach *Anati* (1963) der III.–VI. Dynastie parallel geht. Wieder gelangt man in die Zeit von 2800–2400. Sternaugen mit gebogenen Wimpern sind in Indien häufiger. – Noch ins 4. Jahrtausend soll ein Augenpaar gehören, das auf eine Urne aus Azor bei Tel Aviv aufgemalt ist (Abb. 48).

Ein unbewimpertes Augenpaar, das stark an Steinritzungen der Bretagne und Irlands erinnert, stammt von einem Siegelabdruck, ebenfalls aus Azor (Abb. 49).

6.5.2 Assur

In Palästina ließ sich noch das MY nachweisen, wenn auch gewissermaßen mit dem Urmaß verquickt. Assur ist ein Gebiet, in dem im 3. Jahrtausend vermutlich nur das Urmaß verwendet wurde.

In Assur selbst fand sich in der Schicht G auf einer Gipstafel eingeritzt die Darstellung eines Augenpaares (Abb. 45), wobei auch Augenbrauen und Nase angedeutet sind. Hierauf hat schon *Schrickel* (1957) hingewiesen. Weiter stammt aus der Schicht G ein Sternauge von einer Scherbe. Elf Wimpern sind heute sichtbar, eine zwölfte scheint einer Beschädigung zum Opfer gefallen zu sein (Abb. 60). Eine Gußform schließlich aus dieser Schicht zeigt noch einmal das gleiche Motiv, allerdings weitaus ähnlicher zu den Darstellungen Iberiens (Abb. 61).

Die Schicht G beginnt schon Ende Frühdynastisch III und fällt dann ganz mit Sargon I zusammen. Für ihn war weiter oben (Abschnitt 4.3) ein Datum von 2750 angesetzt worden. Damit ist für das Augenmotiv wieder der gleiche Zeithorizont angeschnitten, wie er sich bisher für das Augenmotiv schon ergeben hatte.

Ein weiterer, leider undatierter Kontakt ergibt sich aus Hissar. Dort soll sich neben Bernstein, der dort örtlich nicht vorkommt, ein Rollsiegel der Induskultur gefunden haben.

6.5.3 Indien

Ebenso, wie sich das Urmaß und seine Abwandlung bis zum Bereich der Induskultur verfolgen ließ, so kann man auch das Augenmotiv als Strahlenstern bis nach Indien verfolgen, wo es weit verbreitet ist. In der Grabung von Amri, westlich des Indus, findet sich im Dadu-Distrikt, 160 km südlich von Mohenjo Daro, auf einer Scherbe die Darstellung wieder (*H. D. Sankalia* 1974, S. 334, Abb. 84–82). Es handelt sich um die Prä-Harappa-Schicht I b, von der ein ^{14}C-Datum existiert:

TF 863   2535 ± 110 BC   3350–3200   für Schicht 19

Dieses Datum liegt etwas höher als der Beginn der Ganggrabzeit eher im Bereich der Daten von New Grange.

Andererseits gibt es noch mehrere Beispiele aus der Harappa-Kultur selbst (für die Abbildungen sei wegen ihrer großen Zahl auf die Publikation von *Sankalia* verwiesen), die nach den zahlreichen ^{14}C-Daten in die Zeit von 2800 bis 2100 zu setzen ist. (*Sankalia* 1974, S. 565, Daten bereits korrigiert.)

Auch hier liegt also, wenn auch in größerer Breite, derselbe zeitliche Horizont vor, der bisher immer mit dem Augenmotiv vorgefunden wurde. Evtl. mag sich für Indien eine gewisse Priorität ergeben.

6.6 Die Bedeutung des Augenmotivs

Riemschneider (1953) hat in ihrem Buch die Bedeutung des Augenpaares als Symbol des „Augengottes" auseinandergelegt sowie seine zeitliche und räumliche Ausdehnung behandelt.

Das Augenpaar repräsentiert Sonne und Mond, die Zwillingsgottheit.

In der frühen pictographischen Schrift Sumers ist das Sternzeichen sowohl der Stern als auch die Gottheit. Die Bedeutung wird bis in die Entwicklung des Keilschriftzeichens hinein festgehalten. Ganz entsprechend ist in der hieroglypischen Schrift Ägyptens der umrandete Kreis oder Punkt das Zeichen für Licht und Gottheit (vgl. etwa *Doblhofer* 1973, S. 140, Abb. 47 und S. 82, Abb. 34; *Riemschneider* 1953, S. 255, Abb. 69 und S. 256). Der einfache Kreis wird zum Symbol der Sonne (*Doblhofer* 1973, Tafel vor S. 161).

Im Augensymbol mit Kreis und Strahlen fallen beide Symbole zusammen und besagen dasselbe.

Es dürfte im übrigen kein Zufall sein, daß das Augensymbol in dem Moment seine „weltweite" Verbreitung findet, wo sich die ersten pictographischen Schriften konsolidiert haben, d. h. wo einem bestimmten Zeichen ein fester, wenn auch nicht enger, Sinn zukommt. So wird ja heute der in den zivilisierten Staaten außer Gebrauch geratene Pfeil als Hinweissymbol überall verstanden.

6.7 Schlußbemerkung

Vielleicht hat die weite und in gewissem Sinne gleichzeitige Verbreitung des Augenmotivs deutlich machen können, daß die Völkerschaften des frühen 3. Jahrtausends doch nicht so isoliert und ohne Kenntnis voneinander lebten, wie das oft vermutet wird. Europa war durchaus in die Ökumene eingeschlossen. Die frühen Daten der französischen Dolmen legen sogar den Gedanken nahe, daß es nicht durchweg die Rolle des empfangenden Partners spielte. Trotzdem kann nicht übersehen werden, daß die Räume mit höherer Bevölkerungsdichte accelerierend wirken. Die Kenntnis und Fähigkeit, Kupferklingen mittels Arsen zu „versilbern" hat sich während der Glockenbecherzeit innerhalb von nur zwei Jahrhunderten von Ägypten bis Irland und Schottland verbreitet. (Mündliche Mitteilung von *Dr. H. McKerrell*).

Auf diesem Hintergrund hat m. E. die Verbreiterung einer Maßeinheit im Verlaufe einiger Jahrhunderte über sehr weite Räume nichts Erstaunliches mehr an sich. Vielmehr ist nicht einzusehen, wieso benachbarte Völker nicht voneinander gewußt haben sollten. Das Mittelmeer war im 3. Jahrtausend keine Schranke, sondern ein Verkehrsweg, wie ausgeführt wurde.

Abschließend sei noch darauf aufmerksam gemacht, daß da, wo das Strahlenauge isoliert auftritt, das Urmaß verwendet wird. Wo sich Auge und Augenpaar überschneiden, überschneidet sich das Urmaß mit dem MY. In der TBK herrschen Augenpaar und MY. Nur in England ist das MY mit einzelnen Augen zusammen anzutreffen.

7 Anhänge

7.1 Ergebnisse aus Umrechnungen

7.1.1 Zum ersten Auftreten der Kleinen Elle in Ägypten

Nach einer Literaturangabe (*W. Krause* 1958), die zu überprüfen mir z. Z. nicht möglich ist, soll die mittlere der kleinen Pyramiden vor der Cheops-Pyramide eine Basislänge von 44,45 m haben. Wenn diese Angabe zutrifft, so ist darin eine Länge von 100 Ellen zu sehen, deren jede somit 444,5 mm lang ist.

Wenn man das Urmaß zu 518,6 mm pro Elle in 28 statt in 30 Teile unterteilt und mit dem so gewonnenen digitus eine Kleine Elle zu 24 digiti berechnet, so erhält man 444,51 mm. Das sind vier übereinstimmende Dezimalstellen, und am Objekt selbst beträgt die Differenz nur 1 mm.

Gegebenenfalls liegt also hier eine Dokumentation dafür vor, daß zunächst das Urmaß – wie im vorausgehenden Text postuliert – eine Neuunterteilung in 28 Teile erfuhr, ehe sich die Königselle entwickelte. Nach *Petrie* (zitiert bei *Paulsen* 1969, S. 186/187) sind an der Cheopspyramide zum ersten Mal Maße nachweisbar, die der Königselle entsprechen. *Paulsen* vertritt weiter die Auffassung, das an der Cheopspyramide besonders bei Höhenmaßen der remen nachweisbar ist. Damit ist in zweifacher Weise der Zeitpunkt der Änderung der Unterteilung von 30 auf 28 Teile belegt.

7.1.2. Umrechnungen zum Megalithischen Yard

7.1.2.1 Umrechnungen analog zum „remen"

Faßt man die 40 megalithischen inches (mi) eines MY analog zu den 40 digiti des doppelten remen auf, so wären dies 10 palmae zu 4 digiti, resp. 4 mi. 7 solcher palmae ergäben dann einen hypothetischen „megalithischen cubitus" von 580,51 mm Länge. Der diesem hypothetischen cubitus zugehörige Fuß von 16 digiti liegt mit 331,72 mm nahe am pes Drusianus und entspricht der bei *Petrie* (1934, S. 6) zitierten französischen „canne" zu 331,47 mm.

Ein Maß von 12 digiti der hypothetischen Elle entspricht mit seinen 248,79 mm dem Pythischen Fuß zu 249 mm (*Skinner* 1967, S. 41).

Petrie (1934) erwähnt noch unter den pyramid courses ein Maß von 579,12 mm (S. 7). Es ist 1,4 mm (entsprechend 0,2394 %) kürzer als dieser hypothetische megalithische cubitus.

Was durch diese rechnerischen Zusammenhänge angedeutet ist: direkte Ableitung, gegenseitige Beeinflussung oder mathematisch bedingte „Zufälligkeiten", läßt sich derzeit nicht überblicken. Es bedarf hier wohl noch weiterer Forschung, auch was die Vermessung von Objekten angeht. Denn der folgende „Zusammenhang" scheint vorab nur rechnerisch gegeben zu sein:

Wie bereits geschehen, wird ein MY als 2 remen aufgefaßt, weil es 40 mi enthält. Dann wird so, wie sich aus dem remen die Königselle berechnet, auch hier verfahren und eine „megalithische Königselle" erhalten. Sie ist natürlich länger als der „megalithische cubitus" und 586,40 mm lang. Sie sollte 28 digiti haben, der ihr zugehörige Fuß daher 16 digiti. Diese 16 digiti messen 335,085 mm. Faßt man sie aber als 18 digiti auf, so wird dadurch ein digitus 18,615 mm lang. Der digitus der „Kompromißelle" ist 18,6107 mm lang.

Damit ist eine so gute zahlenmäßige Übereinstimmung gegeben, wie sie als notwendige Voraussetzung für einen Zusammenhang erachtet wurde. (Vgl. Abschnitt 5.2.3.2)

Daraus folgt dann notwendig eine Übereinstimmung mit der 50-Einheiten-Länge des Indus-Maßes, die mit 335,5 mm rechnerisch nicht von den soeben berechneten 335,1 mm für die 16 resp. 18 digiti zu trennen sind.

Weiter sei noch erwähnt, daß 15 mi mit 310,875 mm mit den 310,979 mm übereinstimmen, die sich für einen 18-digiti-Fuß aus der Elle des Urmaßes ergeben und als Attischer Fuß bekannt sind.

Dem „gemeinen" griechischen Fuß schließlich, der nach *Petrie* (1934) 316,23 mm lang ist, entspricht mit 316,081 mm völlig der Wiener Fuß, der um die Mitte des 19. Jahrhunderts in Österreich verwendet wurde. Im Abschnitt 5.2.3.1 wurde diese Länge von der „Neuen Elle" hergeleitet. (Zum Wiener Fuß vgl. *Schabus* 1973, S. 3):

= 6 englische Fuss) und altfranzösische Mass (1 Toise = 6 Pariser Fuss). In Frankreich und bei allen wissenschaftlichen Untersuchungen wendet man das neufranzösische oder das **Meter-Mass** an, weil es durch seine Unterabtheilungen für Berechnungen äusserst bequem ist. Die Einheit bildet das Meter, welches dem zehnmillionsten Theil des nördlichen Erdmeridianquadranten gleich ist.

Ein Meter hat	10 Decimeter		10 Meter geben	1 Dekameter,
„	„ „	100 Centimeter (Cm.)	100 „ „	1 Hektometer,
„	„ „	1000 Millimeter (Mm.)	1000 „ „	1 Kilometer (Km.),
			10000 „ „	1 Myriameter.

1 **W i e n e r F u s s** hat 0·316081, 1 badischer 0·3, 1 rheinischer 0·3138, 1 Pariser 0·3248, 1 engl. 0·3048 Meter, 1 **M e t e r** 3·1635 W. Fuss = 3′1″11·58‴, 1 österr. Meile = 0·7585936 Myriameter, 1 Faust = 10·536 Centimeter, 1 Kilometer = 0·1318 österr. Meilen, 1 Meter = 1·286 Ellen, 1 Elle = 0·778 Meter.

Da man jede Grösse nur durch eine gleichartige messen kann, so wählt man zum Messen der Flächen eine Fläche, ein Quadrat, dessen Seite irgend einer der angegebenen Längeneinheiten gleich ist, als Einheit. Wir haben daher eine Quadratklafter (1 Joch = 1600 ☐Klafter), einen Quadratfuss, Quadratzoll, Quadratmeter (1 **A r e** = 100 ☐Meter).

7.1.2.2 Ein Nachweis des Megalithischen Yard in Mesopotamien?

Im Abschnitt 2.1 waren bereits die Maße des Kalksteintempels und der Tempel C und D aus Uruk verwertet worden. Es ergab sich, daß der Mittelwert mit 518,15 mm schon recht nahe an dem später erst erarbeiteten Bestwert von 518,29 mm lag.

Es bleibt übrig, darauf hinzuweisen, daß

die 270 Fuß des Kalksteintempels   90 MY   und
die 105 Fuß des Kalksteintempels   35 MY   entsprechen.

Ebenso sind

die 42,5 Ellen des Tempels C   gleich   17 × 2,5 MY,
die 160   Ellen des Tempels D   gleich   40 × 2,5 MY und
die 192   Fuß des Tempels D   gleich   64 MY.

Während bei den Tempeln C und D jeweils nur eine Distanz in Vielfachen von 2,5 MY ausgedrückt werden kann, ist beim Tempel D *eine* Distanz in glatten MY, am Kalksteintempel jede der beiden Distanzen in glatten MY auszudrücken; bei diesem auch in Vielfachen von 2,5 MY.

Beachtlicherweise sind aber genau diese Distanzen in glatten Fuß, nur einmal in glatten Ellen des Urmaßes auszudrücken. Doch gerade der rechnerische Zusammenhang, daß nämlich 3 Fuß des Urmaßes genau 1 MY sind, konnte von *Thom* nicht bestätigt werden, weil er nirgendwo eine Drittelung des MY auffinden konnte.

Das vorhandene Zahlenmaterial ist zu gering, um weitreichende Folgerungen zu ziehen, doch ist es auffällig, daß hier genau so wie in Palästina und Spanien beide Maßstäbe anwendbar sind, wenn es sich um größere Distanzen handelt.

6 Fuß ergeben einen Klafter, im vorliegenden Falle auch 2 MY, d. h. genau die Länge, die *Kendall* bei seiner statistischen Untersuchung findet. 4 Ellen des Urmaßes sind der singulären Einheit von 2,5 MY gleichzusetzen.

Es drängt sich der Eindruck auf, als hätten die Megalithiker nur zu Bauzwekken sich mit größeren Einheitsmaßen versehen, die sie bei späterem Bedarf dann nach Gutdünken unterteilten.

7.2 Zusammenstellung der Quellen der antiken Maße

7.2.1 Aufgefundene Maßstäbe

7.2.1/1 Ca. 4 cm langes Bruchstück eines kupfernen oder bronzenen Maßstabs. Aus den Einkerbungen errechnet sich eine Elle von rund 525 mm.
Fundort: Harappa im Industal
Datum: Induskultur, wohl 3. Jahrtausend
Literatur: *Graham* (1960) Fußnote 17

7.2.1/2 Ca. 5,4 cm langes Bruchstück eines Maßstabs auf Muschelschale.
Die regelmäßige Unterteilung ist im Abstand von 6,71 mm angebracht. Das Ende
der 5. Einheit ist hervorgehoben; diese sind daher zusammen 33,55 mm lang.
Fundort: „Industal"
Datum: Induskultur
Literatur: *Skinner* (1967),S. 12

7.2.1/3 Ein etwa 1,10 m langer kupferner oder bronzener Maßstab, die sogenannte
Nippurelle.
Der Maßstab trägt eine Reihe von Abstandskerbungen als Normlängen, wovon ge-
nannt seien: Elle: 518,0 mm   Gesamtlänge = 4 Fuß 1103,5 mm
             Fuß: 276,5 mm   Ziegelmaß: 392,5 mm
Fundort: Im Tempel zu Nippur
Datum.   1. Hälfte (?) des 3. Jahrtausends
Literatur: *Unger* (1927), S. 58 ff.

7.2.1/4 Zwei Statuen des Gudea aus Diorit, die einen Maßstab tragen. Nur eine
Statue für Meßzwecke hinreichend erhalten.
Der Maßstab hat nach übereinstimmenden Literaturangaben für den Fuß eine Länge
von 264,5 mm.
Fundort: Im Tempel von Lagasch
Datum: um 2600 v. Chr.
Literatur: *Unger* (1927), S. 58 ff.; *Delaporte* (1925/1970), S. 224

7.2.1/5 Maßstab des Zoser
Die Marken haben einen Abstand von 277,62 mm für einen Fuß.
Fundort: ?
Datum: um 2800 v. Chr.
Literatur: *Petrie* (1934), S. 7

7.2.1/6 Maßstab aus der XII. Dynastie
Abgeteilte Länge: 673,1 mm für einen Doppelfuß
Fundort: Ägypten
Datum: XII. Dynastie
Literatur: *Petrie* (1934), S. 5

7.2.1/7 Maßstab der XII. Dynastie
Abgeteilte Länge: 679,196 mm für den Doppelfuß
Fundort: Ägypten
Datum: XII. Dynastie
Literatur: *Petrie* (1934), S. 5

7.2.1/8 Maßstab des Amenhetep I aus Kalksandstein.
Die regelmäßige Unterteilung in 28 digiti ergibt eine Elle zu 523,5 mm.
Fundort: Ägypten
Datum: um 1550 v. Chr.
Literatur: *Skinner* (1957), S. 775, Abb. 566

7.2.1/9 Maßstab des Wesirs von Amenhetep I aus (?) Holz.
Die regelmäßige Unterteilung in 28 digiti ergibt eine Elle zu 525,0 mm.
Fundort: Ägypten
Datum: um 1550 v. Chr.
Literatur: *Skinner* (1957), S. 775, Abb. 566

7.2.1/10 Bruchstück eines Maßstabs aus Kalkstein (Ägyptisches Museum Berlin No. 7358).
Die noch erhaltenen vier digiti ergeben eine Elle von 523,6 mm.
Fundort: Ägypten
Datum: Neues Reich (1552−1306 v. Chr.)
Literatur: *Lepsius* (1865); *Borchard* (1920); *Kaiser* (1967); *Rottländer* (1973)

7.2.1/11 Maßstab aus Holz. Die sogenannte Pfahlbauelle.
Die zahlreichen Unterteilungen ergeben eine Elle von 444,0 mm.
Fundort: Auvernier
Datum: 8. Jhd. v. Chr.
Literatur: *Forrer* (1908)

7.2.1/12 Maßstab aus Bronzeblech
Gesamtlänge: 296 mm mit regelmäßiger, aber unsauberer Unterteilung.
Fundort: Germanien, aus einem Brandgrab
Datum: 3. Jhd. n. Chr.
Literatur: *Hussong* (1938)

7.2.1/13 Maßstab aus Bronze, RGM Köln No. 0031
Gesamtlänge: 296 mm ohne regelmäßige Unterteilung, verziert.
Fundort: Germanien, Köln(?)
Datum: Römische Kaiserzeit
Literatur: *Rottländer* (1972)

7.2.1/14 Beingriffel mit Maßeinteilung, RL Bonn No. 73 b.
Aus einer Unze von 26,0 mm errechnet sich eine Elle zu 430,66 mm.
Fundort: Hochelten, Niederrhein
Datum: 2. Hälfte des 10. Jhd. n. Chr.
Literatur: *Binding/Janssen* (1970)

Anmerkung Obwohl nicht wenige römische bronzene Maßstäbe von Fußlänge überliefert sind, wäre aus ihnen allein das römische Maß nicht zu gewinnen, da sie in ihrer Länge stark schwanken, nämlich von 275 mm bis 300 mm (vgl. z. B. *Skinner* 1957, S. 777 oder *Rottländer* 1972, S. 107). Dabei handelt es sich aber nur um Ungenauigkeiten, wie sie beim alltäglichen Gebrauch auftreten. Das genaue Maß war immer bekannt und auch verfügbar. Dieses ergibt sich aus den Mittelwerten, die sich von Metallarbeiten und der Keramik gewinnen lassen. Das Standardmaß befand sich im Tempel der Juno in Rom. Es ist ohne Fehler überliefert worden, bis es durch das metrische System endgültig verdrängt wurde. In Augsburg, Oldenburg und Emden beispielsweise war es im ständigen Gebrauch mit einer Länge von

296,15 mm; der Bestwert des pes monetalis liegt bei 296,17 mm. (Es ist allerdings auffällig, daß der Kölner Fuß, der bis zur Einführung des metrischen Systems gültig war, mit 274,95 mm fast genau dem kurzen, wohl römischen Maßstab von 275 mm Länge entsprach, der erstmals bei *Rottländer* (1972, S. 197, Beilage 3 No. 5), dann bei *Bracker* (1974, S. 31) publiziert ist. Evtl. handelt es sich doch um ein selbständiges Maß, so daß die Schwankungsbreite römischer Maßstäbe geringer ist, als oben angegeben.)

7.2.2 Mittelwerte aus statistischen Erhebungen an größerem Fundmaterial

7.2.2/1 Das „Megalithische Yard", MY. Entspricht in der Länge einer Doppelelle. Auswertung der Vermessung von weit über 200 Steinkreisen und anderer megalithischer Steinsetzungen.
Länge der Doppelelle „MY": 829,0 mm.
Fundort: England, Schottland, Irland, Wales
Datum: vor 2000 v. Chr.
Literatur: *Thom* (1967/1972)

7.2.2/2 Statistische Auswertung der von *Thom* ermittelten Abmessungen der Steinkreise etc.
Länge von 2 MY = 1658,72 mm; 1 MY demnach 829,361 mm.
Fundort: England, Schottland, Wales
Datum: vor 2000 v. Chr.
Literatur: *Kendall* (1974)

7.2.2/3 Statistische Auswertung von an Steinsetzungen gewonnenen Maßen.
2,5 MY = 2,073 ± 0,001 m; daraus 1 MY = 829,3 ±0,4 mm.
Fundort: Carnac
Datum: vor 2000 v. Chr.
Literatur: *Thom* (1972), S. 25

7.2.2/4 Die „megalithische Elle". Entspricht in der Länge einer Doppelelle. Auswertung der Vermessung megalithischer Steinkreise und Steinsetzungen.
Länge der Doppelelle: 827,0 ±35 mm.
Fundort: Odry, Tucheler Heide, Westpreußen
Datum: vor 2000 v. Chr.
Literatur: *Müller* (1970)

7.2.2/5 Der römische Fuß: „pes monetalis". Die Auswertung der Vermessung von 1032 Distanzen an provinzialrömischer Keramik ergibt seine Länge sowie seine zeitliche Konstanz.
Mittelwert: 296 mm; daraus eine Elle von 444,0 mm.
Fundort: Provinz Niedergermanien
Datum: 1. bis 4. Jhd. n. Chr.
Literatur: *Rottländer* (1966)

7.2.2/6 Der „attische" Fuß. Er kommt an attischer Keramik vor. Auswertung der Vermessung von 225 Distanzen an rotfiguriger Keramik.
Länge des Fußes: 310,4 mm; daraus eine Elle von 465,6 mm.
Fundort: Neben Attika im Bereich des griechischen Exports
Datum: 5. Jhd. v. Chr.
Literatur: *Holzhausen/Rottländer* (1970)

7.2.2/7 Auswertung der Erhebungen, die zur Aufstellung des „Minoischen Fußes" geführt hatten.
Überprüfte Maßeinheiten: Minoischer Fuß, Maße entsprechend der Elle von Nippur. Die Summe der Quadrate der Abweichungen ist zum Minoischen Fuß größer als zu den Einheiten des Maßes von Nippur.
Fundort: Palast zu Phaistos, Kreta
Datum: 3/2. Jahrtausend v. Chr.
Literatur: *Graham* (1960)

7.2.2/8 Auswertung der Maßangaben der Iberischen Megalithgräber.
Überprüfte Einheiten: Minoischer Fuß; Einheiten des Maßes von Nippur; Attischer Fuß; pes monetalis.
Die geringsten Abweichungen ergeben sich zum Maß von Nippur.
Fundort: Iberische Halbinsel
Datum: 3. Jahrtausend v. Chr.
Literatur: *Leisner/Leisner* (1943–1965)

7.2.2/8 Auswertung von 30 Distanzen an vornehmlich minoischen Fundstücken.
Die Fehlerkurve legt sich um die Meßmarken der Elle von Nippur.
Fundort: Kreta, Anatolien, Kykladen
Datum: 3. und 2. Jahrtausend v. Chr.
Literatur: *Evans* nach *Hood, Hood* (1971), *Luce* (1969)

7.2.2/9 Auswertung von 17 Distanzen von Gefäßen der Yortan-Kultur. Die Abmessungen sind mit den Einheiten der Elle von Nippur kompatibel.
Fundort: Anatolien
Datum: 3. Jahrtausend v. Chr.
Literatur: bislang nicht publiziert

7.2.3 Vermessung einzelner Objekte

Anmerkung: Aus den folgenden Untersuchungen läßt sich nicht direkt die Länge eines Maßes gewinnen; vielmehr wurde überprüft, ob und mit welchem Maß die Meßwerte kompatibel sind!

7.2.3/1 a) Quadratische Kammern mit einer Seitenlänge von 5 engl. Fuß. Es er-
errechnet sich: 3 Ellen zu 508 mm.

b) Trockenziegel mit den Abmessungen 6 × 12 engl. inches. (Periode V).
   Für 9 × 18 digiti des lokalen Maßes errechnen sich Ellen zu 506,7 resp.
   507,99 mm.

c) Trockenziegel im Format 9,5 × 9,5 × 4,75 engl. inches. (Periode IV C).
   Es errechnen sich 14 × 14 × 7 digiti einer Elle zu 517,1 mm.

d) Schrifttäfelchen des Formats 1,333 zu 2 engl. inches.
   Es errechnen sich 2 × 3 digiti einer Elle von 508,0 mm.

e) Trockenziegel von *17* × 9,5 × 4,75 und *14* × 9,5 × 4,75 mm.
   (Periode IV B).
   Es errechnen sich Ellen zu 518,16 und 520,39 mm.

f) Zimmer zu 9 × 24 engl. Fuß.
   Für Abmessungen des Zimmers von 10 Fuß zu 14 Ellen errechnen sich
   Ellen zu 514,25 resp. 522,5 mm Länge.

Fundort: Tepe Yahyā, Iran
Datum: 3660 ± 140 BC unkorrigiert für Periode V
Literatur: *Lamberg-Karlovsky* (1971)

7.2.3/2 a) Sogenannter Säulentempel, Durchmesser einer Säule: 2,62m.
   Unter der Annahme, daß dies 9,5 Fuß entspricht, wird dieser 275,789
   mm lang, woraus sich eine Elle zu 517,1 mm errechnet.

b) Riemchenziegel aus dem Tempel C messen 16 × 6 cm.
   Falls dies 9,25 × 3,5 digiti entspricht, errechnet sich die Elle zu
   516,6 mm.

Fundort: Uruk (Warka) Mesopotamien
Datum: 2 a) ca. 3700 v. Chr.; 2 b) ca. 3600 v. Chr.
Literatur: *Mallowan* (1962), S. 87

7.2.3/3 a) Sogenannter Kalksteintempel, dessen Grundriß 75 × 29 m mißt. Erblickt man hierin 270 × 105 Fuß, so errechnen sich zugehörige Ellen
   mit 520,83 mm resp. 517,85 mm.

b) Tempel C. Abmessungen des Fundaments: 55 × 22 m.
   Falls dies 106 zu 42,5 Ellen entspricht, haben diese Längen von 518,87
   mm resp. 517,65 mm.

c) Tempel D. Abmessungen des Fundaments: 83 × 53 m.
   Falls dies 300 zu 192 Fuß entspricht, ergeben sich Ellen zu 518,75 mm
   resp. 517,58 mm.

Fundort: Uruk (Warka)
Datum: Um die Mitte des 4. Jahrtausends v. Chr.
Literatur: *Falkenstein* (1965/1972), S. 40 und 41

7.2.3/4 a) Blaue Fayence-Kacheln aus der Pyramide des Zoser (= Djoser) messen
   58 × 36 mm.
   Dies entspricht nach dem Brand 3,5 × 2,17 digiti,
                      vor dem Brand   4,0 × 2,5   digiti
   einer Elle von 497,1 mm.

b) Blindes Fenster von der Pyramide des Zoser.

Die Abmessungen 30 × 13 cm entsprechen 17 × 7,5 digiti einer Elle von 524,7 mm.

Fundort: Sakkara, Ägypten
Datum: um 2780 v. Chr.
Literatur: *Badawy* (1965), Plate I

7.2.3/5 Umfassungsmauer der Pyramide des Zoser: 550 × 280 m.

Aus 550 m folgen 1060 Ellen zu 518,87 mm,

aus 280 m folgen   540 Ellen zu 518,51 mm.

Fundort: Sakkara, Ägypten
Datum: um 2780 v. Chr.
Literatur: *Iskander/Badawy* (1965)

7.2.3/6 Umfassungsmauer der Pyramide des Sekhemkhet: 536 × 194 m.

Aus 536 m folgen 1040 Ellen zu 515,38 mm

aus 194 m folgen   374 Ellen zu 518,71 mm.

Fundort: Sakkara, Ägypten
Datum: um 2700 v. Chr.
Literatur: *Iskander/Badawy* (1965)

7.2.3/7 a) Polierte Granitblöcke aus der Pyramide des Cheops messen
5,20 × 5,81 × 10,43 m.
Nimmt man dies als 10 Ellen × 21 Fuß × 20 Ellen, so folgt für die Ellen: 520,0 mm, 518,74 mm, 521,5 mm und daraus im Mittel für die Elle: 520,1 mm.
b) Länge der Pyramidenbasis 229 m.
Dem entsprechen 440 Ellen, die Elle zu 520,15 mm.

Fundort: Gizeh, Ägypten
Datum: 2660 v. Chr.
Literatur: a) *Binder-Hagelstange* (1966); b) *Aldred* (1962)

7.2.3/8 Pyramide des Cheops. Basislänge:
a) 230 m,   b) 230,56 m, entsprechend 440 Ellen. Daraus folgt:
a) 522,73 mm, b) 524,0 mm für die Elle.

Fundort: Gizeh, Ägypten
Datum: 2660 v. Chr.
Literatur: a) *Binder-Hagelstange* (1966); b) *Radawy* (1965), *Iskander/Badawy* (1965)

Anmerkung 1: Die Maße der Granitblöcke sind mit der Basislänge der Pyramide von 229,0 m konsistent, nicht jedoch mit der Basislänge von 230,0 oder 230,56 m. Es läßt sich anhand der Literatur nicht überprüfen, inwieweit die auf 230 m und darüber revidierte Basislänge der Pyramide durch maßtechnische Überlegungen zustande gekommen ist, die ohne weitere Begründung eine Elle von ca. 524 mm voraussetzen. Diese ist ja für jüngere Zeiten gut belegt.

Anmerkung 2: Berechnungen zu Maßen der Cheops-Pyramide: Maße nach *Paulsen* (1966) und *Binder-Hagelstange* (1966).

Es werden die Maße untersucht, die nicht zur Königselle von 523,6 mm passen.

Mögliche andere Maße sind:

A) Das Urmaß mit einer Unterteilung in Dreißigstel, wobei entstehen:
    a) ein digitus zu 17,276 mm; b) ein Fuß zu 276,427 mm

B) Das Urmaß in der Unterteilung zu Achtundzwanzigstel, wobei entstehen:
    c) ein digitus zu 18,511 mm; d) ein Fuß zu 296,171 mm.

C) Der remen zu 370,24 mm.

Ferner werden zum Vergleich noch mit aufgeführt:

D) Die Urelle zu 518,3 mm

E) Die Königselle zu 523,6 mm, ihr Fuß zu 299,2 mm, ihr digitus zu 18,7 mm.

Die Maße sind:	5 200 mm	5 810 mm	10 430 mm	5 820 mm	6 220 mm	1 190 mm	8 530 mm
in dig. a)	300,99	336,30	603,73	336,88	360,03	68,88	493,75
in dig. c)	280,92	313,87	563,46	314,41	336,02	64,29	460,81
in dig. E)	278,07	310,69	557,75	311,23	332,62	63,64	456,14
Fuß b)	18,81	21,02	37,73	21,05	22,50	4,30	30,85
Fuß d)	17,56	19,62	35,22	19,65	21,00	4,02	28,80
Fuß E)	17,38	19,42	34,86	19,45	20,79	3,98	28,51
in Urellen	10,03	11,21	20,12	11,23	12,00	2,30	16,46
in Königsellen	9,93	11,10	19,92	11,11	11,88	2,27	16,29
in remen	14,04	15,69	28,17	15,72	16,80	3,21	23,04

Vier der sieben aufgeführten Maße entsprechen am besten der Urelle von 518,3 mm, zwei weitere der Urelle in ihrer Unterteilung in Dreißigstel, sowie eines einem Fußmaß, das auf der Königselle beruht. Die vier Maße, die der Urelle entsprechen, sind natürlich mit dem remen kompatibel. Allerdings findet sich kein deutlicher Hinweis darauf, daß die Urelle in 28 Teile unterteilt gewesen wäre, wie sich das andererseits wieder aus dem remen notwendigerweise ergibt. Gewiß ist nicht zu erwarten, daß die Cheops-Pyramide alle metrologischen Fragen zu beantworten gestattet.

7.2.3/9 Pyramide einer Gemahlin des Cheops, Basislänge: 44,45 m. Dies entspricht 100 Ellen, die somit 444,5 mm lang sind. Die Große Elle dazu ist daher 518,58 mm lang.

Fundort: Gizeh, Ägypten

Datum: um 2660 v. Chr.

Literatur: *Krause* (1958)

7.2.3/10 Pyramide des Chefren; Basislänge 210,4 m, Höhe 143,5 m (rekonst.), dies entspricht 405 X 276 Ellen zu 519,5 resp. 519,9 mm.

Fundort: Gizeh, Ägypten

Datum: 2630 v. Chr.

Literatur: *Badawy* (1965), Brockhaus-Lexikon(1953)

7.2.3/11 Sanktuarium des Tempels von Echnaton in Amarna.
Aus einer Serie von Distanzen ergibt sich eine Elle zu 523 mm.
Fundort: Amarna, Ägypten
Datum: um 1360 v. Chr.
Literatur: *Badawy* (1965), S. 34/35

7.2.3/12 Zwei Statuen des Gudea; im Louvre. Auf ihnen sind waagerechte Linien
angebracht, um Felder für die Schrift einzuteilen. Auf der einen Statue haben vier,
auf der anderen fünf Linien einen Abstand von 60 mm.
Falls dies 3,5 digiti entspricht, ergibt sich eine Elle zu 514,29 mm.
Fundort: Lagasch
Datum: Mitte des 3. Jahrtausends
Literatur: —

7.2.3/13 Zwei Fischbassins der Abmessung 10,5 × 2,5 und 5,5 × 2,40 m. Falls die
Abmessungen 634 × 150 und 332 × 145 digiti entsprechen, ist die Elle 496,76 mm,
der Fuß 264,94 mm lang.
Fundort: Tello
Datum: 3. Jahrtausend
Literatur: *Crawford* (1973)

7.2.3/14 Kreisförmige Dolmenanlage. Durchmesser: 8,257 m; Umfang aus dem
Durchmesser berechnet: 25,940 m.
Unter der Annahme von 16 bzw. 50 Ellen sind diese 516,1 bzw. 518,8 mm lang.
Da 4 Ellen 2,5 MY entsprechen, ist eine glatte Umrechnung möglich.
Durchmesser: 4 × 2,5 MY; Umfang 12,5 × 2,5 MY; 1 MY = 827,9 mm.
Fundort: Kafr abîl in âglûn, Palästina
Datum: 3. Jahrtausend v. Chr.
Literatur: *Ebert*s Reallexikon, Bd. VIII

7.2.3/15 Le grand Menhir Men-en-Hroëck. Der Menhir ist in vier Teile zerbrochen,
die zusammen 19,90 m lang sind.
24 MY würden demnach 829,2 mm pro MY messen.
Fundort: Locmariaker, Bretagne
Datum: 3./2. Jahrtausend v. Chr.
Literatur: *L'Helgouach* (1971)

7.2.3/16 Steinkreis einer Grabanlage; Durchmesser 6,20 m. Faßt man dies als
3 × 2,5 MY auf, was 7,5 MY entspricht, so wird ein MY = 826,67 mm lang.
Fundort: Los Millares, Grab 40, Spanien
Datum: 3. Jahrtausend vor Chr.
Literatur: *Leisner/Leisner* (1943–1965)

7.2.3/17 Steinoval einer Grabanlage; Große Achse: 7,25 m, Kleine Achse: 6,20 m.
Nimmt man die Große Achse für 8,75 MY, so folgt für dieses 828,57 mm.

Nimmt man die Kleine Achse für 7,5 MY, so folgt für dieses 826,67 mm.
Fundort: Llano del Jautón, Spanien
Datum: 3. Jahrtausend v. Chr.
Literatur: *Leisner/Leisner* (1943–1965)

7.2.3/18   Vermessungen an Stonehenge.
Aus einer Serie von Distanzen ergibt sich ein Lunar Measure (= LM) von 47,56 engl.
Fuß entsprechend 14,496 m.   Wertet man diese LM-Einheit als 17,5 MY (= 7 X 2,5
MY), so folgt für das MY 828,34 mm.
Fundort: Stonehenge, England
Datum: 3./2. Jahrtausend v. Chr.
Literatur: *Newham* (1972)

7.2.3/19   Ganggrab von 27 m Länge.
Nimmt man hierfür 32,5 MY (= 13 X 2,5 MY) an, so wird dieses 830,77 mm.
Fundort: Werlte, Hümmling, Deutschland
Datum: 3. Jahrtausend v. Chr.
Literatur: *Sprockhoff* (1938)

7.2.3/20   Ganggrab von 111,90 m Länge.
Erblickt man hierin 135 MY (= 54 X 2,5 MY), so wird dieses 828,89 mm.
Fundort: Putlos, Oldenburg i. Holstein, Deutschland
Datum: 3. Jahrtausend v. Chr.
Literatur: *Sprockhoff* (1938)

7.2.3/21   Umfassung des Megalithgrabes Visbecker Bräutigam; Länge 115,0 m.
Falls dies 140 MY sind, wird ein MY 821,43 mm lang.
Umfassung des Megalithgrabes Visbecker Braut; Länge 82,50 m. Falls dies 100 MY
sind, wird ein MY 825,0 mm lang.
Fundort: Visbeck, Niedersachsen
Datum: 3. Jahrtausend v. Chr.
Literatur: *Sprockhoff* (1938)

7.2.3/22   Grabmal des Pythagoras aus Selymbria.
Grundlänge der Pyramide: 2086 mm. Unter der Annahme, daß es sich um 4 Ellen
handelt, werden diese 521,5 mm lang.
Fundort: Kerameikos bei Athen
Datum: 5. Jhd. v. Chr.
Literatur: *Höpfner* (1973)

7.2.4 Maßangaben aus der Literatur, die auf ihre Quellen nicht überprüfbar waren oder nicht überprüft wurden

7.2.4/1   *Badawy* (1965)
Für die ägyptische Königselle werden normalerweise 523 mm angenommen. Auf
S. 39 wird der mögliche Streubereich mit 522–525 mm angegeben.
Datum: Mittleres und Neues Reich

7.2.4/1   *Delaporte* (1970)
Für das Babylonische Maß soll gelten: Eine Elle zu 30 digiti 495 mm, ein Fuß zu 20 digiti 330 mm.
Datum: präsargonisch

7.2.4/3   *Dinsmoor* (1902)

Elle vom Tempel zu Samos	513 mm
Elle vom Tempel des Polykrates	524,5 mm
Elle vom Artemision	521,6 mm

Datum: 6. Jhd. v. Chr.

7.2.4/4 *Feldhaus* (1965)

a) Ägypten:		b) Ptolemäer Elle	533 mm
Pharaonen Elle	525 mm	Großer Fuß	355 mm
Kleine Elle	450 mm	Kleiner Fuß	308 mm

Datum: a) Mittleres und Neues Reich;   b) Ptolemäische Periode

Griechenland:		China:	
Äginetischer Fuß:	333 mm	Tschi	318 mm
Olympischer Fuß:	320,5 mm	Deutschland:	
Attischer Fuß:	295,7 mm	Gallisch-german. Fuß	333 mm

7.2.4/5 *Höpfner* (1973)

Attischer Fuß:	294 mm	Dorischer Fuß:	326 mm

Datum: 5. Jhd. v. Chr.

7.2.4/6 *Hultsch* (1882)

Attischer Fuß:	308,3 mm

7.2.4/7 *Myers* (1966)

Fußmaß des Zoser:	274,9 mm	(daraus Elle von	515,44 mm)

Datum: um 2770 v. Chr.

True Digit von der Großen Pyramide des Cheops:	18,48 mm
	(daraus Elle von 517,44 mm)

Datum: um 2660 v. Chr.

Royal Digit:	18,7 mm	(daraus Elle von	523,6 mm)

Datum: Mittleres und Neues Reich

Olympische Elle: 463 mm, 397 mm	Olympischer Fuß:	295 mm

7.2.4/8 *Petrie* (1934)
Ellenmaße:

Ägypten: royal cubit	523,75 mm	doppelter remen	740,69 mm
Pendel in Memphis	740,59 mm	(daraus Elle von	518,45 mm)
Babylonien: Elle des Gudea:	530,61 mm		
Jerusalem: Elle	522,48 mm	Kleine Elle	447,04 mm
Kleinasien:	521,97	bis	531,88 mm
Neumexico:	525,272 mm	Ägypten: Gräber der I. Dynastie:	
Große Pyramide:	523,748 mm	518,16 —	530,86 mm

Maßstäbe der XII. Dynastie: a) 673,1 mm; b)   680.72 mm
Ptolemäischer Standard: 680,72 mm   Kleine Elle   450,09 mm
Griechenland: a)   527,05 mm;   b)   463,04 mm
Ägypten: Späte Ellenmaße: a) 536,19 mm; b) 537,46 mm; c) 541,78 mm
Persepolis: 487,68 mm   modernes persisches yard: 980,44 mm
Maß ‚U' nach *Oppert*, Khorsabad: 1014,98 mm
einige assyrische Bauwerke: 1014,48 mm
Assyrien (nach *Oppert*):   640,08 mm   als 7/6 zu: 548,64 mm
persische Bauwerke: 643,64 mm   heutige Elle: 635,00 mm
Palästina: 642,11 mm   Abydos, Ägypten: 638,30 mm

Fußmaße:

Griechenland: 316,23 mm   Ägina   314,96 mm
Milet: 317,75 mm   Athen   315,98 mm
Etrurien: 316,23 mm   Engl. Mittelalterl.:   316,74 mm
griechisch: 308,61 mm
Parthenon: 296,93 mm   Italischer F.   296,16 mm
römischer F. (reduziert)   294,97 mm   Etrurien: 294,39 mm
Stonehenge   296,67 mm   circles   294,64 mm
„Nordischer Fuß"   337,82 mm   Ptolemäischer   388,98 mm
Syrien um 900 v. Chr.   334,77 mm   um 620 v. Chr.   335,79 mm
Kleinasien   339,09 mm   Griechenland   339,34 mm
Drusianischer Fuß   332,74 mm   canne, franz.   331,47 mm
Silbury burial mound   330,2 mm   Landmaß, engl.   335,28 mm
Mohenjo Daro   335,28 mm
Gaza, VII. Dynastie   278,89 mm   Byblos, XII. Dynastie 281,94 mm
Karthago, Sardinien etc.   283,72 mm   bis   281,43 mm
Jerusalem, Felsengräber   287,02 mm   Erechteion   281,69 mm
Khorsabad   274,32 mm   Ushak   276,86 mm
Oskischer Fuß: 275,59 mm   bis   278,13 mm

7.2.4/9 *Segré* (1945)
Elle des Ezechiel: 518,29 mm   gemeine Elle: 444,25 mm

7.2.4/10 *Skinner* (1957)

Ägyptische Königselle	524	mm	doppelter remen	740,7	mm
Ägypt. Kurze Elle	449	mm	frühe jüdische Elle	447	mm
gemeiner griech. Fuß	316,25	mm	gem. griech. Elle	527	mm
Athenischer Fuß	316	mm	Äginetischer Fuß	315	mm
Etrurischer Fuß	316	mm	Olympischer Fuß	309	mm
Olymp. Elle (zu 25 dig)	463	mm	Römischer Fuß	296,25	mm
Sumerische Elle	495	mm	Sumerischer Fuß	330	mm

7.2.4/11 *Walden* (1931)
Babylonische Doppelelle: 992,5 mm   Elle daraus berechnet: 496,25 mm

7.2.4/12 *Dehnke* (1970)
Aus einer Grundlänge von 1,43 m soll folgen:

| Elle: | 429 mm | Fuß: | 286 mm |

7.2.5 Zahlenmaterial zur statistischen Auswertung

7.2.5/1 Versuch der Zuordnung von MY zu den Längenangaben bei *Herity* (1974), Tabelle S. 188

Ort	Länge in m	vermutete MY	Differenz soll – ist in m
Romeral, Spanien	32,50	39,00	– 0,16
Menga	25,50	30,75	0,00
Viera	26,80	32,333	+ 0,01
Kercado, Frankr.	13,50	16,25	– 0,02
L'Ile Longue	14,20	17,00	– 0,10
Le Petit Mont	7,20	8,666	– 0,02
Gavrinis	19,40	23,50	+ 0,09
New Grange, Engl.	24,00	29,00	+ 0,05
Knowth West	34,00	41,00	0,00
Knowth East	33,00	40,00	+ 0,17
Dowth North	14,00	17,00	+ 0,10
Loughcrew L	9,00	11,00	+ 0,12
Loughcrew T	10,00	12,00	– 0,05
Carrowkeel F	7,00	8,50	+ 0,05

Fehlerrechnung zur Gruppe der englischen Maße:

Summe der Fehlerquadrate:	0,05 83	
Mittelwert (:6)	0,00 97 16	
2. Wurzel daraus:	0,09 85	in Meter

Es wurden nur die auf ganze MY auskommenden Werte zum Mitteln genommen. Da die Grenze zwischen zwei MY-Marken bei 414,7 mm liegt, ist die mittlere Abweichung von 98,5 mm sehr viel geringer und somit eine hohe Wahrscheinlichkeit dafür gegeben, daß die Maße dem MY entsprechen.

Fehlerrechnung zur Gruppe der spanischen und französischen Maße:

Summe der Fehlerquadrate:	0,04 46	
Mittelwert (:7)	0,00 63 71 4	
2. Wurzel daraus:	0,07 9	in Meter

Da bis zu 0,25 MY unterteilt wurde, müssen die Abweichungen kleiner als 829,3 : 8 = 103,66 mm sein, damit keine Überschneidung auftritt. Da der mittlere Fehler unter 80 mm liegt, ist die Zuordnung zum MY signifikánt.

7.2.5/2 Maße von Gefäßen der Yortan-Kultur sowie der Versuch der Zuordnung
   zum Maß von Nippur

gefunden	digit$_N$	soll	Differenz	
109,4 mm	6,25	108,04 mm	1,3	
90,5	5,25	90,75	− 0,25	
76,6	4,50	77,79	− 1,2	Summe der Abwei-
69,6	4,00	69,14	0,5	chungsquadrate:
56,2	3,25	56,18	0,00	25,138
57,2	3,25	56,18	1,00	
56,4	3,25	56,18	0,2	geteilt durch
57,6	3,25	56,18	1,4	n = 21 gibt:
73,6	4,25	73,46	0,1	1,1970
35,4	2,00	34,57	0,8	
38,7	2,25	38,89	− 0,2	Die Quadrat-
51,7	3,00	51,85	− 0,2	wurzel daraus:
52,0	3,00	51,85	0,1	1,0941 mm
20,8	1,25	21,60	− 0,8	
24,2	1,50	25,92	− 1,7	
29,5	1,75	30,25	− 0,7	
39,8	2,25	38,90	0,9	
50,6	3,00	51,86	− 1,3	
58,8	3,50	60,50	− 1,7	
71,3	4,00	69,14	2,16	
80,2	4,75	82,10	− 1,9	

Da eine Unterteilung auf Viertel des digitus vorausgesetzt worden ist, muß die mittlere Abweichung unter einem Achtel eines digitus bleiben: 17,287 : 8 = 2,161 mm.
Die Abweichung ist aber nur ca. halb so groß.

7.2.5/3 Distanzen von vorwiegend minoischen Fundstücken (vgl. 7.2.2/8)

gefunden	digiti$_N$	soll	Differenz	Literaturnachweis
80	4,50	77,8	2,2	Spielfiguren, *Luce*, Tafel 8
90	5,25	90,75	− 0,75	Silbervase Ant. Welt 2, No. 3, S. 41
102,8	6,00	103,71	− 0,90	Ziegel, *Luce*, S. 189
105	6,00	103,71	1,29	Silbervase, Antike Welt 2
193	9,25	194,46	− 1,46	Silbervase, Antike Welt 2
341,5	19,75	341,40	0,1	Ziegel, *Luce*
380	22,00	380,30	− 0,30	Quader, *Luce*, S. 188
640	37,00	639,60	0,40	Ziegel, *Luce*
650	37,75	652,07	− 2,07	Quader, *Luce*
900	52,00	898,91	1,09	Fenster, *Luce*, Ant. Welt 2/2, S. 13
965	56,00	968,03	− 3,03	Spielbrett nach *Evans* bei *Hood*
553	32,00	553,17	− 0,17	Spielbrett nach *Evans* bei *Hood*
1070	62,00	1071,74	− 1,74	Fenster, *Luce*
1170	67,75	1171,18	− 1,18	Fenster, *Luce*
1400	81,00	1400,21	− 0,21	Quader, *Luce*
1970	114,00	1970,63	− 0,63	Tür, *Luce*, Ant. Welt 2, No. 2, S. 13
115	6,50	112,36	2,64	Vase　　　　　*Hood* Minoans　S. 97
92	5,25	90,75	1,25	Pyxis　　　　　”　　”　　S. 85
18	1,00	17,29	0,71	Siegel　　　　　”　　”　　S. 86
17	1,00	17,29	− 0,29	Siegel　　　　　”　　”　　S. 87
75	4,25	73,47	1,53	Vase　　　　　”　　”　　S. 9
290	17,00	293,86	− 3,86	Alabaster jar　”　　”　　S. 11
158	9,00	155,58	2,42	Tasse　　　　　”　　”　　S. 14
17	1,00	17,29	− 0,29	Siegel　　　　　”　　”　　S. 50
190	11,00	190,14	− 0,14	Bronzefigur　”　　”　　S. 61
34	2,00	34,57	− 0,57	Siegel　　　　　”　　”　　S. 64
60	3,50	60,50	− 0,50	Goldanhäng.　”　　”　　S. 71
173	10,00	172,86	0,14	Porphyrvase　”　　”　　S. 75
110	6,50	112,36	− 2,36	Pyxisdeckel　”　　”　　S. 76
160	9,25	159,90	0,10	Form　　　　　”　　”　　S. 78

Zur Berechnung wurde eine Elle von 518,6 mm und ein digitus von 17,286 mm zugrunde gelegt. 18 von 30 Maßen sind ganzzahlig. Die Linksverschiebung des Maximums der Fehlerverteilungskurve rührt daher, daß der genaue Wert der Elle 518,3 mm beträgt.

7.2.5/4 Zusammenstellung der für den „minoischen Fuß" (min.) in Anspruch genommenen Maße und Vergleich mit der Längeneinheit von Nippur

gefunden (in mm)	soll für min.	als Fuß		Diff.	soll für Nippur	Fuß oder Elle		Diff.
1 250	1 220	4	F	+ 30	1 245	4,5	F	+ 5
1 260	1 220	4	F	+ 40	1 245	4,5	F	+ 15
1 560	1 520	5	F	+ 40	1 556	3	E	+ 4
1 640	1 520	5	F	+120	1 659	6	F	+ 19
1 760	1 820	6	F	− 60	1 763	6 F 6 Z		− 3
1 770	1 820	6	F	− 50	1 815	3,5	E	− 45
1 830	1 820	6	F	+ 10	1 832	1 E 1 F		− 2
2 300	2 430	8	F	−130	2 334	4,5	F	− 34
2 390	2 430	8	F	− 40	2 351	8,5	F	+ 39
2 740	2 732	9	F	+ 8	2 765	10	F	− 25
2 740	2 732	9	F	+ 8	2 765	10	F	− 25
2 740	2 732	9	F	+ 8	2 765	10	F	− 25
2 760	2 732	9	F	+ 28	2 765	10	F	− 5
3 020	3 036	10	F	− 16	3 042	11	F	− 22
3 310	3 340	11	F	− 30	3 319	12	F	− 9
3 310	3 340	11	F	− 30	3 319	12	F	− 9
3 340	3 340	11	F	0	3 319	12	F	+ 21
3 340	3 340	11	F	0	3 319	12	F	+ 21
3 340	3 340	11	F	0	3 319	12	F	+ 21
3 340	3 340	11	F	0	3 319	12	F	+ 21
3 480	3 340	11	F	+ 40	3 457	12,5	F	+ 23
3 650	3 643	12	F	+ 7	3 630	7	E	+ 20
4 060	4 099	13,5	F	− 39	4 148	8	E	− 88
4 190	4 250	14	F	− 60	4 148	8	E	+ 42
5 160	5 161	17	F	− 1	5 186	10	E	− 26
10 800	10 930	36	F	−130	10 890	21	E	− 90
10 950	10 930	36	F	+ 20	10 890	21	E	+ 60
11 780	11 840	39	F	− 60	11 754	42,5	F	+ 26
12 130	12 144	40	F	− 14	12 169	44	F	− 39
12 150	12 144	40	F	+ 6	12 169	44	F	− 19
12 160	12 144	40	F	+ 16	12 169	44	F	− 9
13 500	13 662	45	F	−162	13 484	26	E	+ 16
13 600	13 662	45	F	− 62	13 552	49	F	+ 48
13 750	13 662	45	F	+ 88	13 829	50	F	− 79
15 100	15 180	50	F	− 80	15 039	29	E	+ 61
15 840	15 788	52	F	+ 52	15 765	57	F	+ 75
17 400	17 305	57	F	+ 95	17 425	63	F	− 25
18 130	18 216	60	F	− 86	18 151	35	E	− 21
18 190	18 216	60	F	− 26	18 151	35	E	+ 39
18 230	18 216	60	F	+ 14	18 254	66	F	− 24
18 240	18 216	60	F	+ 24	18 254	66	F	− 14
18 400	18 216	60	F	+184	18 254	66	F	+146
20 400	20 342	67	F	+ 58	20 467	74	F	− 67
21 400	21 252	70	F	+148	21 297	77	F	+103
24 050	23 984	79	F	+ 66	24 060	87	F	− 10
24 360	24 288	80	F	+ 72	24 340	88	F	+ 20
24 500	24 592	81	F	− 92	24 374	47	E	+126
25 050	24 895	82	F	+155	24 892	90	F	+158

Berechnung der Standardabweichung $n = 48$

a) für den „minoischen" Fuß nach *Graham* (1960)
   Summe der Fehlerquadrate   240 349
   mittleres Fehlerquadrat   5 007,27
   Standardabweichung   ±   70,76
b) Für die Maße entsprechend der Elle von Nippur
   Summe der Fehlerquadrate   134 364
   mittleres Fehlerquadrat   2 799,25
   Standardabweichung   ±   52,91

Obwohl von *Graham* solche Maße ausgesucht wurden, die dem von ihm vermuteten minoischen Fuß besonders gut entsprechen, ist trotzdem noch die Standardabweichung zu dem System der Urelle geringer. Die Urelle ist mit 518,6 mm angenommen.

7.2.5/5 Zusammenstellung von Maßen iberischer Megalithbauten, *nicht* abgerundete Maße nach *Leisner*

Gruppe 6 Almizaraque Tafel 28, S. 10					
	gef. in mm	soll in mm	nach dem Maß von Nippur		Differenz ist − soll mm
	3620	3630	7,00 E		− 10
	330	328		19 dig	+ 2
	380	380		22 dig	0
	4120	4148	8,00 E		+ 28
Gruppe 12 Cantoria, Grab 9, ϕ 4,12 m (Berechnung vorausgehende Zeile)					
Gruppe 16 Los Millares					
Grab 5	4160	4149	8,00 E		+ 11
	860	864	1,66 E		− 4
	120	121		6 dig	− 1
	840	830	3,00 F		+ 10
	1350	1382	5,00 F		− 32
	610	622	2,25 F		− 12
Grab 6	740	743		43 dig	− 3
Grab 70	570	570		33 dig	0
	570	570		33 dig	0
Grab 46	620	622	2,25 F		− 2
	620	622	2,25 F		− 2
Grab 62	1150	1141		66 dig	+ 9

	gef. in mm	soll in mm	nach dem Maß von Nippur	Differenz ist − soll mm
Grab 9	1130	1106	4,00 F	+ 24
	670	691	2,50 F	− 21
	1350	1382	5,00 F	− 32
	1220	1244	4,50 F	− 24
	680	691	2,50 F	− 11
	370	380	22 dig	− 10
	210	207	12 dig	+ 3
	570	570	33 dig	0
Grab 55	1150	1141	66 dig	+ 9
Grab 16	240	242	14 dig	− 2
	570	570	33 dig	0
	220	224	13 dig	− 4
Grab 18	670	691	2,50 F	− 21
Grab 19	670	691	2,50 F	− 21
	790	795	1 E + 1 F	− 5
	860	864	1,66 E	− 4
Grab 34	270	277	1,00 F	− 7
	160	155	9 dig	+ 5
	310	311	18 dig	− 1
Grab 38	380	380	22 dig	0
	1050	1037	2,00 E	+ 13
	940	933	54 dig	+ 7
Grab 25	680	691	2,50 F	− 11
	580	587	34 dig	− 7
Grab 17	3430	3457	12,50 F	− 27
	220	224	13 dig	− 4
Grab 47	480	484	1,75 F	− 4
	120	121	6 dig	− 1
	440	432	25 dig	+ 8
	310	311	18 dig	− 1
	710	708	41 dig	+ 2
	560	553	2,00 F	+ 7
	860	864	1,66 F	− 4
	760	760	2,75 F	0
Grab 37	890	898	3,25 F	− 8
Grab 42	280	277	1,00 F	+ 3
Grab 24	830	830	3,00 F	0
Grab 30	840	830	3,00 F	+ 10
	530	519	1,00 E	+ 11
Grab 20	1070	1037	2,00 E	+ 33
	580	553	2,00 F	+ 27
	580	553	2,00 F	+ 27
	840	830	3,00 F	+ 10
Grab 22	630 (?)	622	2,25 F	+ 8
Grab 21	890	899	3,25 F	− 9
	760 (?)	761	2,75 F	− 1
Grab 23	930	908	1,75 E	+ 22

	gef. in mm	soll in mm	nach dem Maß von Nippur	Differenz ist − soll mm
Grab 63	260	277	1,00 F	− 17
	140	138	0,50 F	+ 2
	400	415	1,50 F	− 15
	180	173	0,33 E	+ 7
	295	294	17 dig	+ 1
Grab 27	190	190	11 dig	0
	130	138	0,50 F	− 8
Grab 32	670	691	2,50 F	− 21
Grab 40	1530	1556	3,00 E	− 26
	1080	1106	4,00 F	− 26
Grab 45	720	691	2,50 F	+ 29
Grab 18	3480	3501	6,75 E	− 21
	1570	1556	3,00 E	+ 14
	1050	1037	2,00 E	+ 13
	670	691	2,50 F	− 21
Grab 44	1130	1106	4,00 F	+ 24
	1040	1037	2,00 E	+ 3
Gruppe 19 Loma des Campo de Mojácar				
Grab 2	170	172	0,33 E	− 2
	110	104	6 dig	+ 6
Cabecito de Aguilar				
	6180	6223	12,00 E	− 43
Gruppe 20 Rambla de la Tejera				
Grab 2	170	172	0,33 E	− 2
	360	363	21 dig	− 3
	230	225	13 dig	+ 5
	460	449	26 dig	+ 11
Gruppe 25 El Jautón				
Grab 5	170	172	0,33 E	− 2

Anmerkung: Nur diese 88 Maße wurden aufgelistet, weil sie bis auf den cm genau angegeben sind. Lediglich in der Gruppe 16, Los Millares, wurden noch 6 Werte mit aufgenommen, die evtl. nur auf 5 cm genau sind. Mit den Maßen, die nur auf 10 cm genau angegeben sind, sind es zusammen 460 Maße, die jedoch nicht einzeln aufgeführt, sondern nur in der Graphik auf der nachfolgenden Seite dargestellt worden sind.

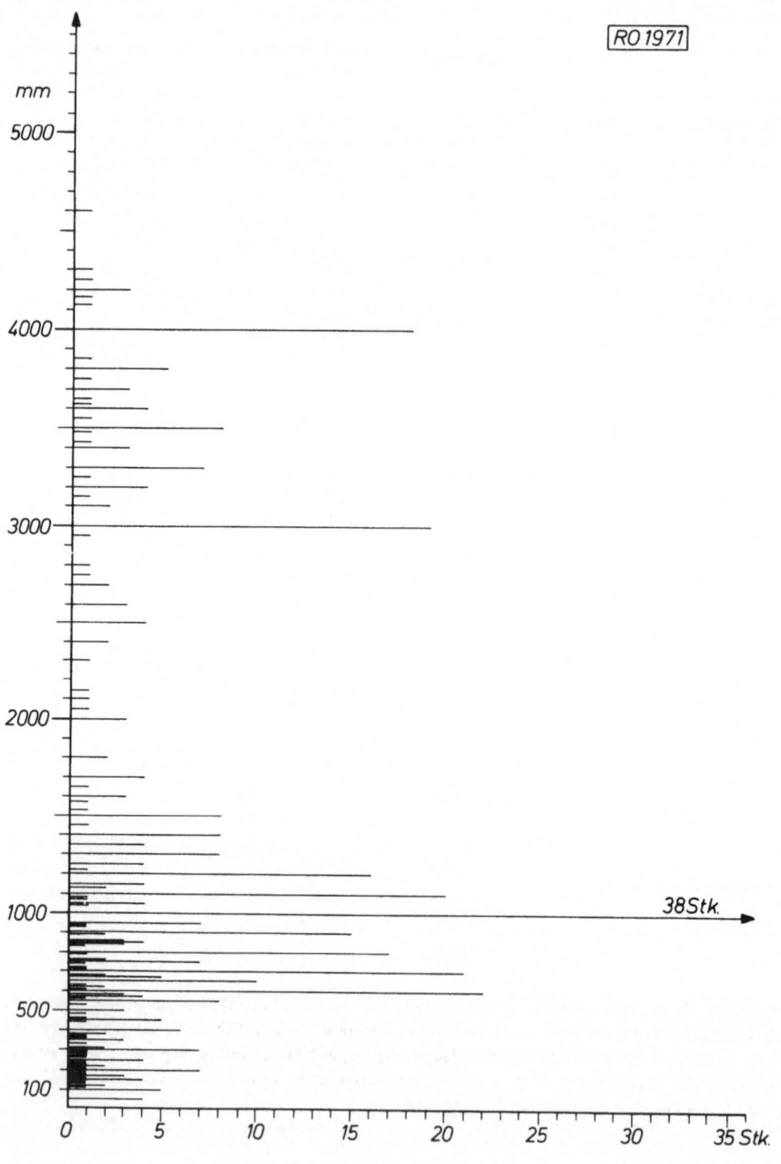

Darstellung der Häufigkeitsverteilung der an spanischen Megalithbauten aufgefundenen Längenausdehnungen

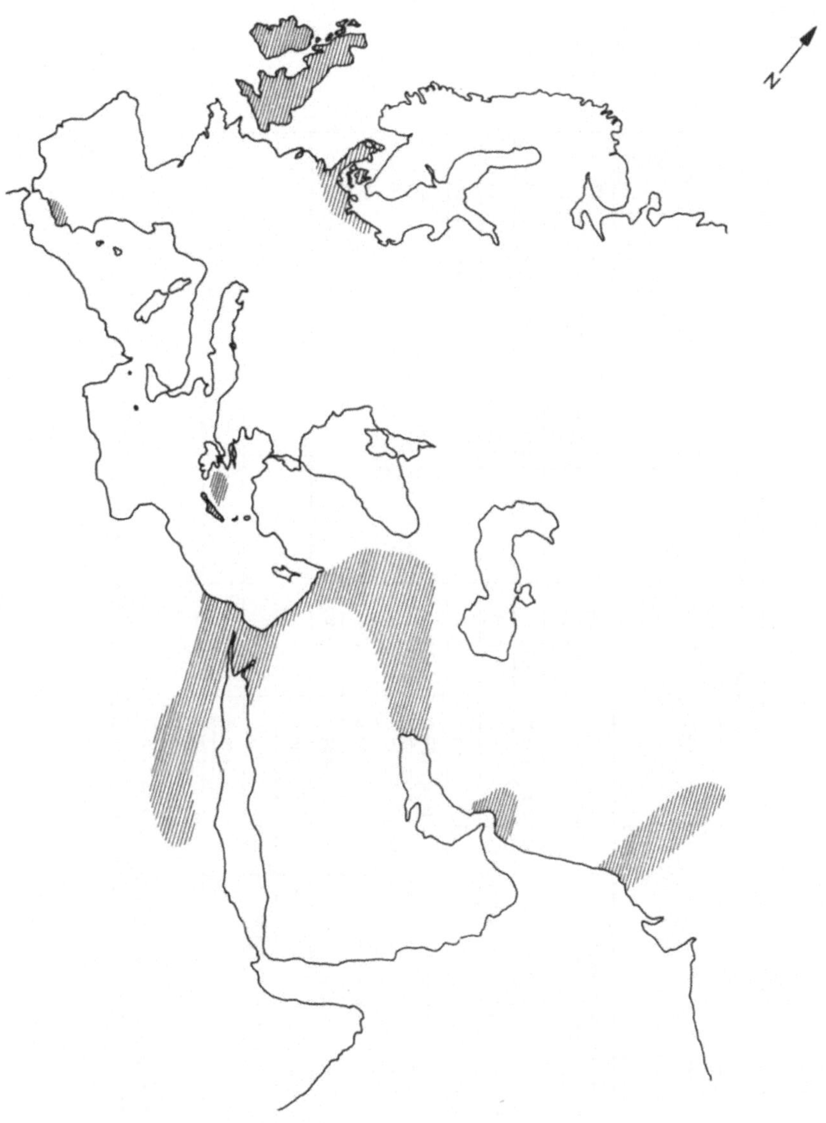

Die Verbreitung von kohärenten Maßen um ca. 2500 v. Chr.

Zusammenstellung von Originalmaßstäben

Bezeichnung	Elle	Elle Kl	Doppelfuß	Fuß 20	Fuß 18	Fuß 16	palma	digitus
Nippurelle	518,0		–	(370,205)	–	276,59	69,14	17,28
Gudea-Maß	495,9	–	–	330,6	–	264,5	66,12	16,53
Maß des Zoser (*Petrie*)			555,24	–	–	277,2[1])	69,40	17,35
Maß des Zoser? (*Myers*)			549,8	–	–	274,9[1])	68,73	17,18
Cubit rod d. Mittleren Reichs	523,52	448,8	673,1	–	336,55	299,2	74,8	18,7
Cubit rod d. Mittleren Reichs	528,26		679,19	–	339,595	301,92	75,48	18,87
Amenhotep	523,5	448,8	598,4	–	–	299,2	74,8	18,7
Wesir des Amenhotep	525,0	450,0	600	–	–	300,0	75,0	18,75
Akhenaten	523,0	–	597,7	–	–	298,86	74,71	18,68
Bruchstück, Neues Reich	523,6	448,8	598,4	–	–	299,2	74,8	18,7
röm. Imperium	–	444,25	592,4	–	–	296,0	74,08	18,52
Hocheltenfuß	–	430,66	—	–	–	323	80,75	20,19
Oskischer (italischer Fuß)	–	–	–	–	–	275,0	68,76	17,19
Pfahlbauelle	–	444,0	–	–	–	296	74,0	18,5

[1]) Mittelwert: 276,26 mm → Elle 517,99 mm

Die unterstrichenen Werte sind die aufgefundenen, von denen die anderen berechnet wurden.

In Klammern ein hypothetischer Wert.

Versuch einer Ableitung der Maßsysteme voneinander

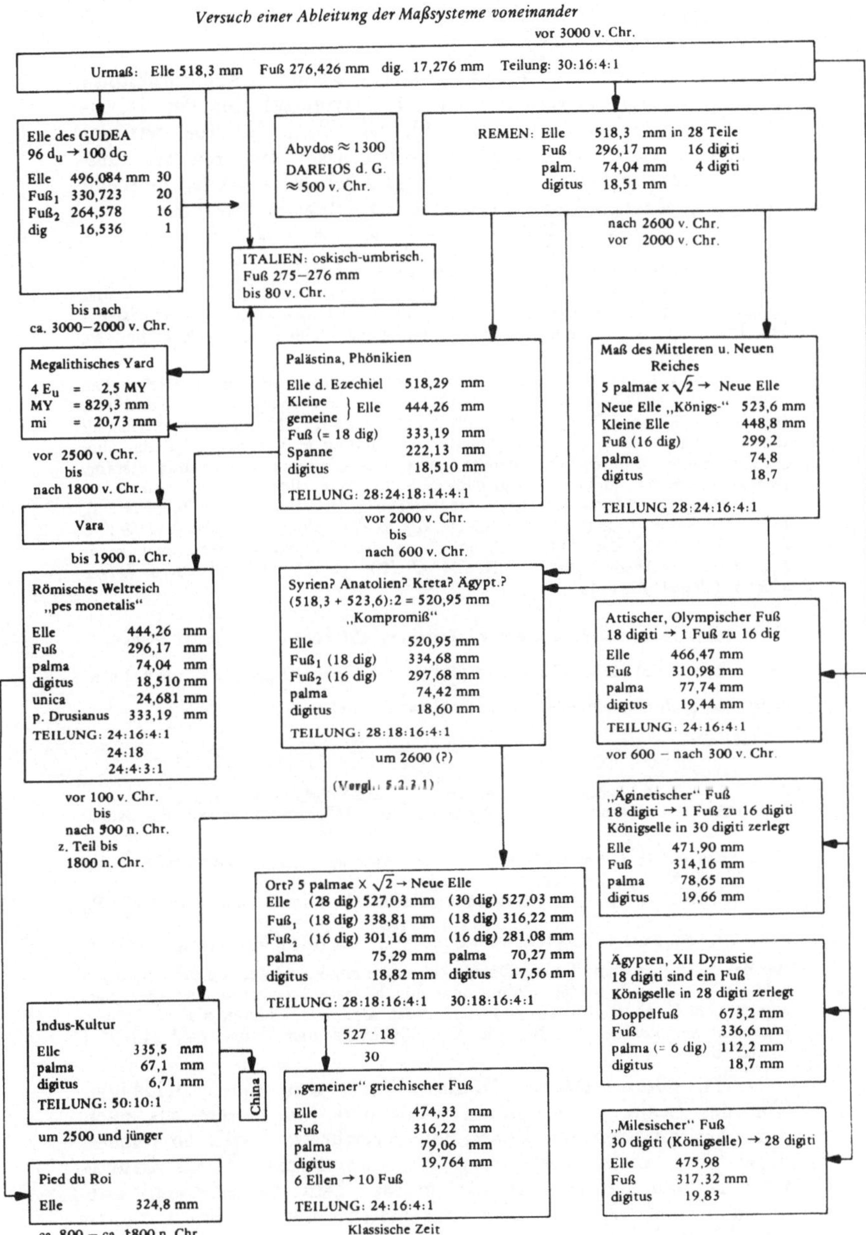

steht, nennt man das **Intervall** dieser Töne; dieses Verhältniss ist jedoch, weil die Steigung zwischen zwei auf einander folgenden Tönen ungleich ist, nicht für alle Töne dasselbe, wie aus folgender Zusammenstellung zu ersehen ist. Dividiren wir nämlich in der angegebenen Tonleiter je zwei auf einander folgende Glieder durcheinander, so erhalten wir folgende Intervalle:

$$B \quad D \quad (Es) \quad E \quad F \quad G \quad A \quad H \quad c$$
$$\tfrac{9}{8} \quad (\tfrac{6}{5}) \quad \tfrac{10}{9} \quad (\tfrac{25}{24}) \quad \tfrac{16}{15} \quad \tfrac{9}{8} \quad \tfrac{10}{9} \quad \tfrac{9}{8} \quad \tfrac{16}{15}.$$

Das grösste Intervall $\frac{9}{8}$ wird das eines **grossen ganzen Tones**, $\frac{10}{9}$ eines **kleinen ganzen Tones**, $\frac{16}{15}$ das eines **grossen halben Tones** und $\frac{25}{24}$ das eines **kleinen halben Tones** genannt. Die Steigung, welche zwischen dem Intervalle eines grossen ganzen und dem eines kleinen ganzen Tones besteht, also $\frac{9}{8} : \frac{10}{9} = \frac{81}{80}$, heisst **Comma**.

Consonanz. Je einfacher das Zahlenverhältniss ist, durch welches das Intervall zweier Töne ausgedrückt wird, um so angenehmer ist der Eindruck, den diese bei ihrem Zusammenklingen hervorbringen; Töne, welche, wenn sie zugleich gehört werden, eine angenehme Empfindung hervorbringen, bilden eine **Consonanz**; bringen sie hingegen eine unangenehme Empfindung hervor, eine **Dissonanz**. Mehr als zwei consonirende Töne bilden einen **Accord**.

Von zwei Tönen der Octave consoniren z. B. C mit c (1 : 2), E (4 : 5), F (3 : 4), G (2 : 3), A (3 : 5) und Es (5 : 6); es dissoniren aber C und D (8 : 9), C und H (8 : 15). Die Töne C, E und G (4 : 5 : 6) bilden den **grossen Dreiklang** (C-Dur-Accord) und C, Es und G (10 : 12 : 15) den **kleinen Dreiklang** (C-Moll-Accord).

Im Ganzen umfasst die Musik 9 Octaven. C ist das tiefste, $\overset{\equiv}{c}$ das höchste C. Das tiefste C ($\underset{\equiv}{C}$) ist der Ton einer 32-füssigen offenen Orgelpfeife. Die Schwingungszahlen der aufeinanderfolgenden Octaven sind:

$$\underset{\equiv}{C} \quad \underset{=}{C} \quad C \quad c \quad \bar{c} \quad \overset{=}{c} \quad \overset{=}{c} \quad \overset{\equiv}{c} \quad \overset{\equiv}{c} \quad \overset{\equiv}{c}$$
$$16 \quad 32 \quad 64 \quad 128 \quad 256 \quad 512 \quad 1024 \quad 2048 \quad 4096 \quad 8192.$$

Das tiefste C an einem Clavier ist das Contra-C ($\underset{\ }{C}$), dessen Octave, das grosse C (C), das tiefste C am Violoncell ist. Der Ton der letzten Claviersaite $\overset{\equiv}{g}$ hat den Werth $2048 \times \frac{3}{2} = 3072$.

Nimmt man die Fortpflanzungsgeschwindigkeit des Schalles $= 1024$ P. F., so ist die Länge einer Schallwelle für $\underset{\equiv}{C} = \dfrac{1024}{16} = 64$ F., für $\overset{\equiv}{c}$ beträgt sie 1 P. F.

Bei der jetzt fast überall eingeführten Normalstimmung ist 435 die Schwingungszahl für $\bar{a}$ (die a-Saite der Violine oder der höchste Ton eines Mannes), somit kommt dem Tone C die Zahl $65\frac{1}{4}$ zu, er ist also etwas höher, als im Vorhergehenden angenommen wurde; für $C = 64$ käme dem $\bar{a}$ die Zahl $256 \times \frac{5}{3} = 426 \cdot 6$ zu.

III. Chromatische Scala. Wenn man einen beliebigen Ton der Scala als **Grundton** wählt und von diesem aus nach den oben angegebenen Intervallen fortschreiten will, so reichen diese Töne nicht mehr aus; denn wählt man D als Grundton, so muss man, um die grosse Terz zu erhalten, zwischen F und G einen Ton einschalten, der um einen halben Ton höher ist als F; eben so muss man, um die Septime zu bekommen, zwischen c und d einen Ton einschalten, der um

8 Bildanhang

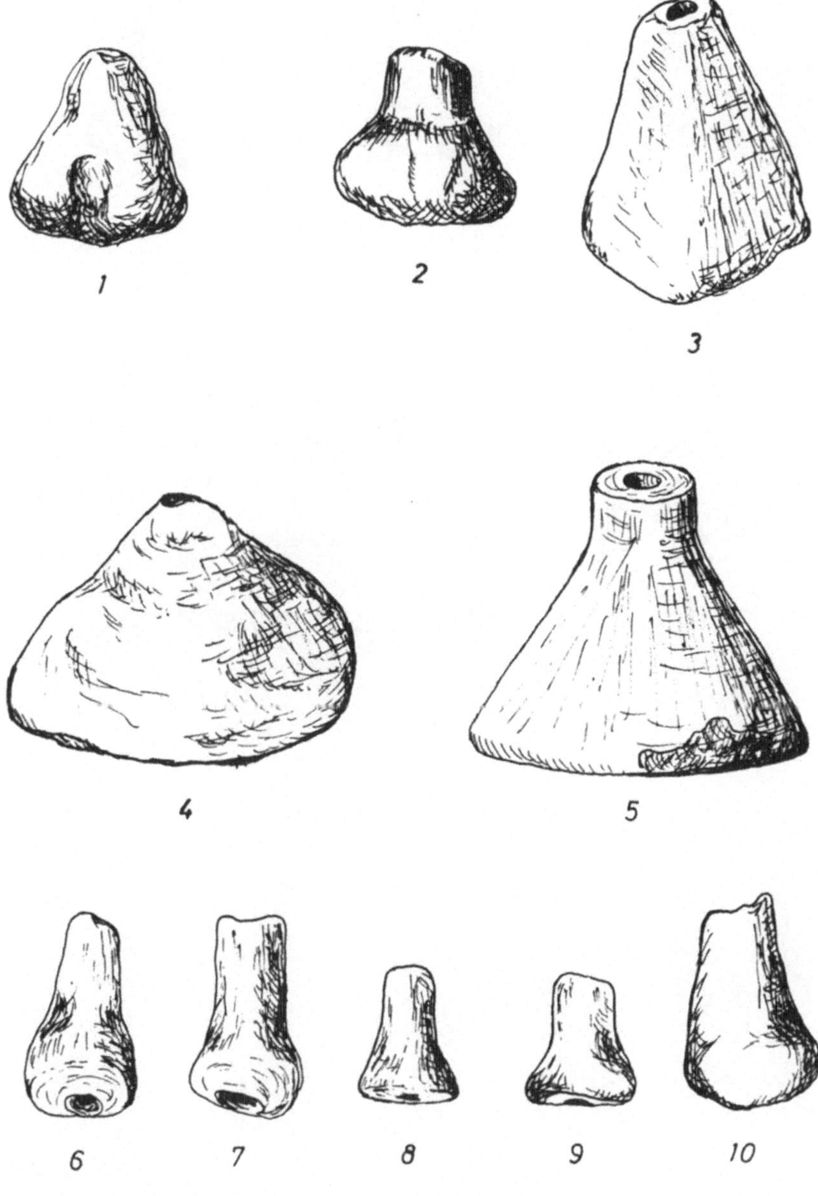

1

2

3

4

5

6   7   8   9   10

Bernstein 1:1

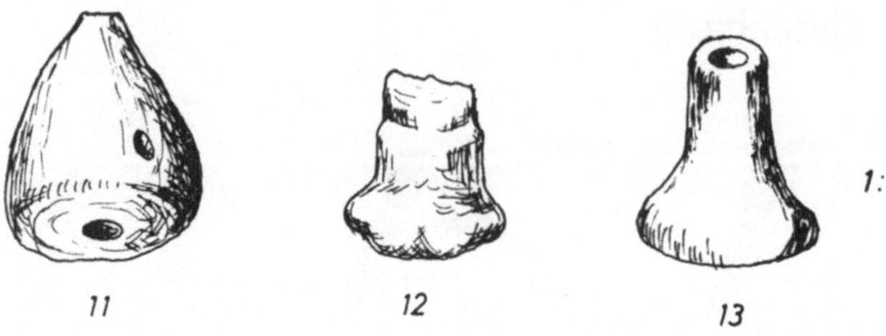

11   *12*   *13*   *1:1*

Bernstein M 1:1

M 1:2
14

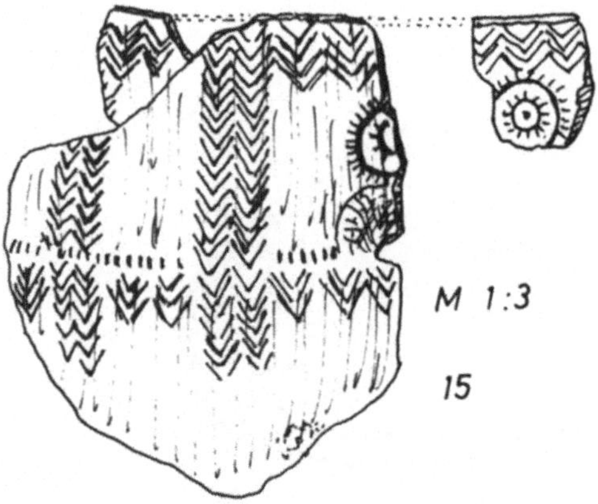

M 1:3
15

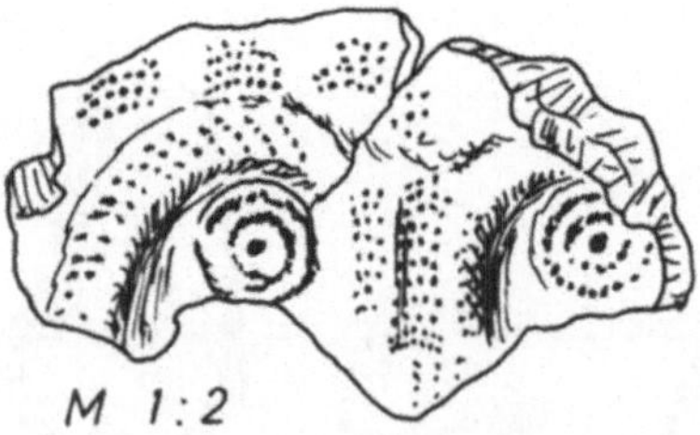

M 1:2

16

Keramik Dänemark Ganggrabzeit

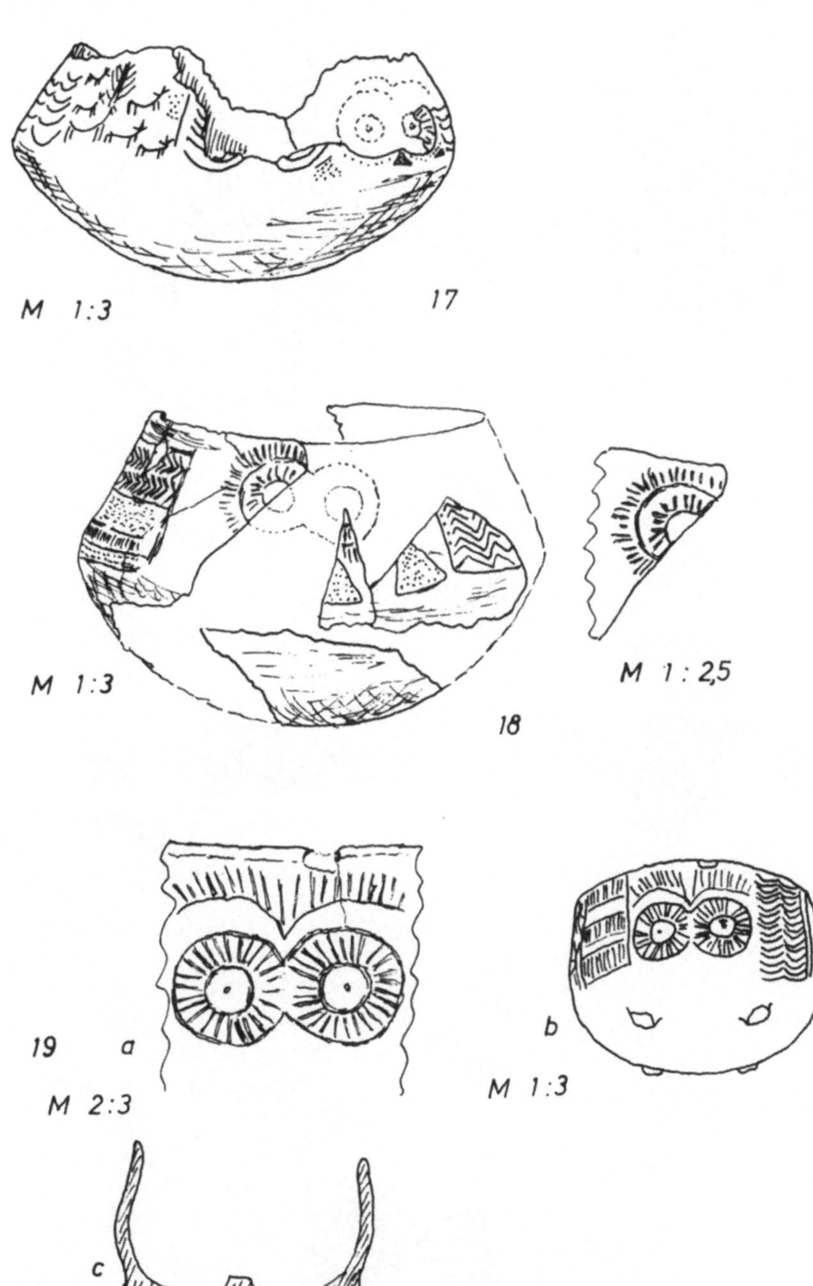

M 1:3   17

M 1:3   M 1:2,5

18

19   a   b

M 2:3   M 1:3

c

M 1:3

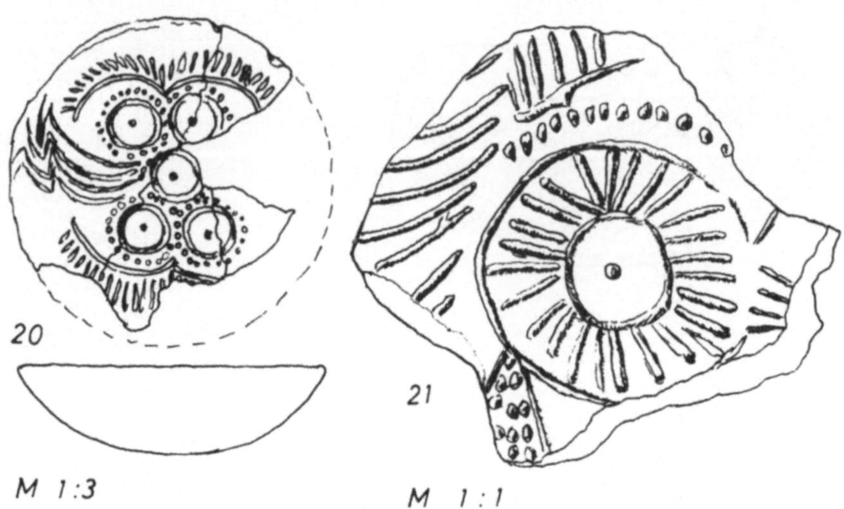

20

M 1:3

21

M 1:1

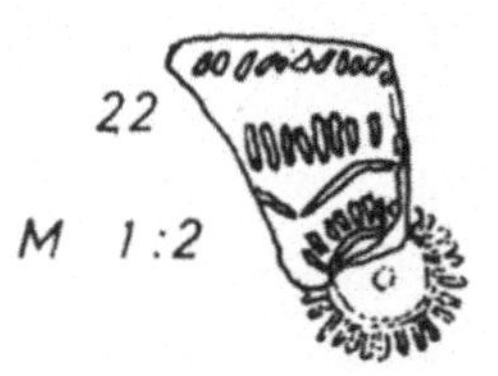

22

M 1:2

23

M 1:1

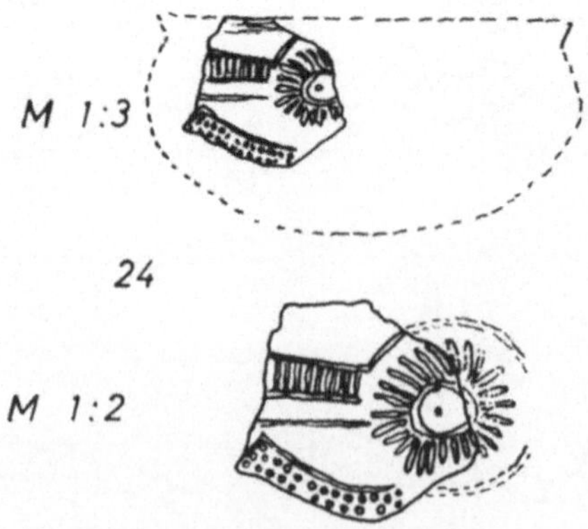

M 1:3

24

M 1:2

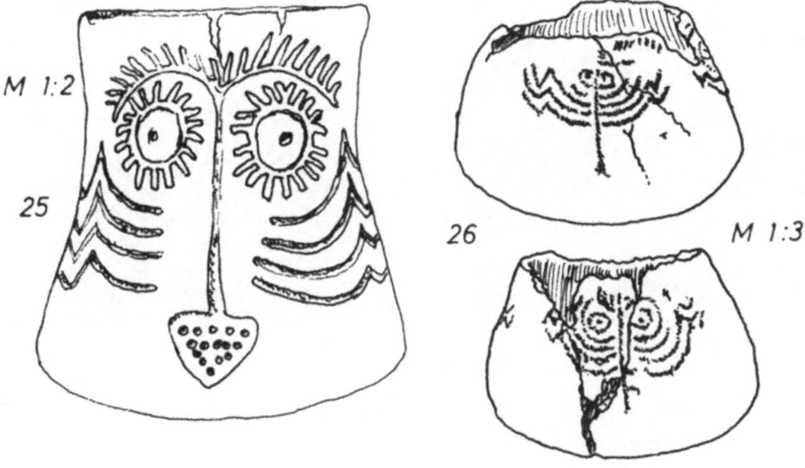

M 1:2

25

26   M 1:3

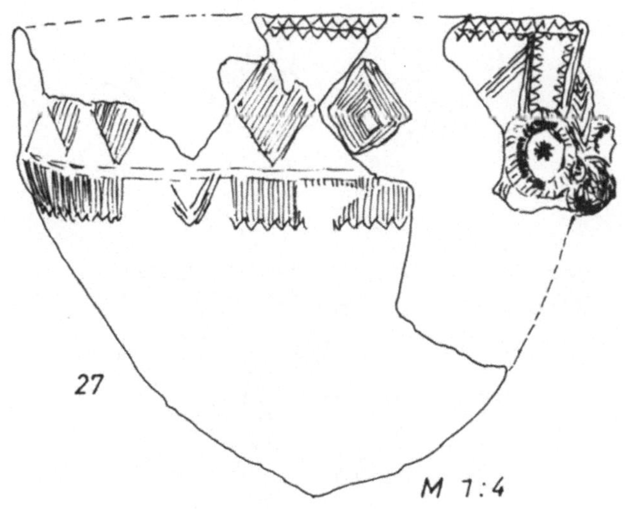

27

M 1:4

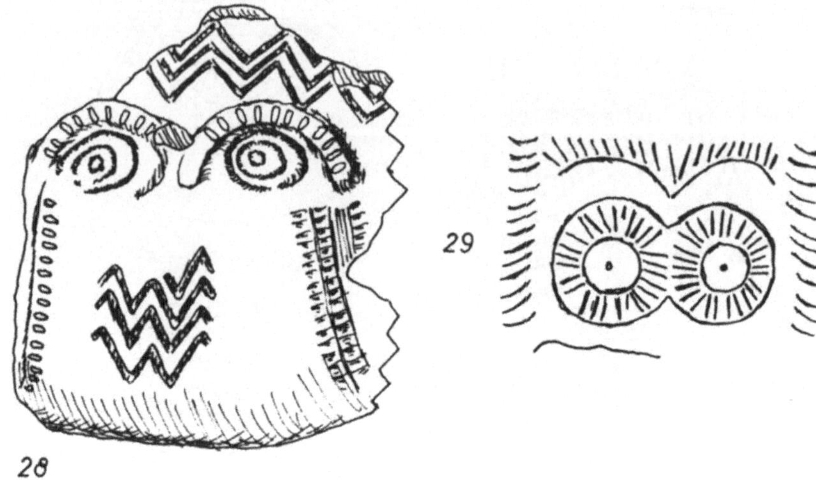

28

29

30

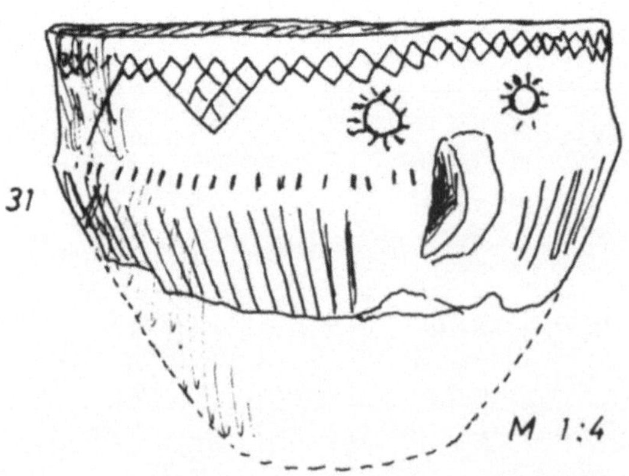

31

M 1:4

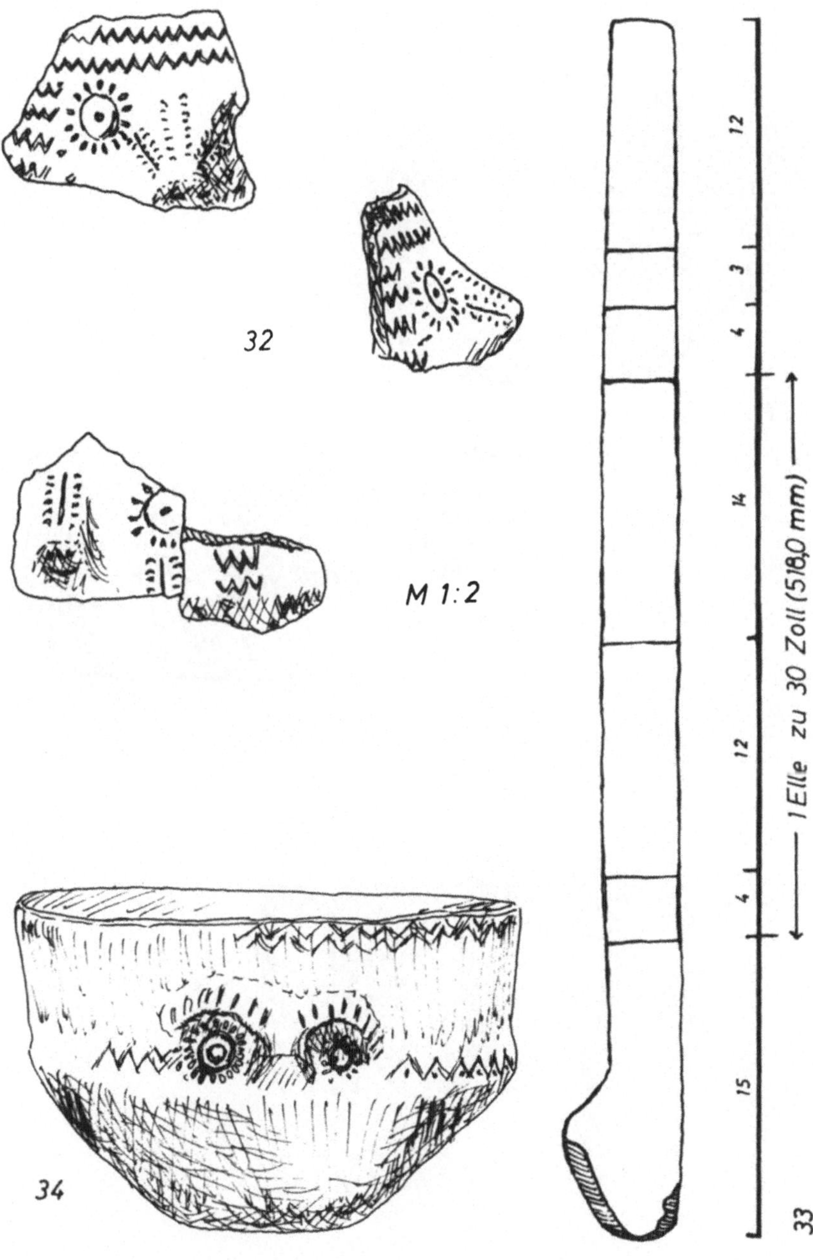

32
M 1:2
34
M 1:2
33
12
3
4
14
12
4
15
1 Elle zu 30 Zoll (518,0 mm)

M 1:2

35

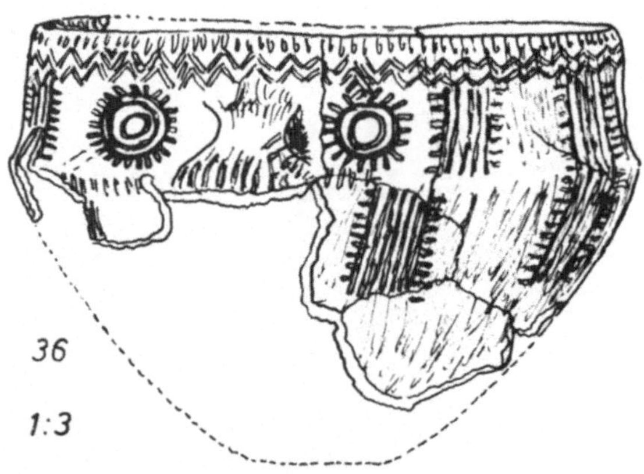

36

1:3

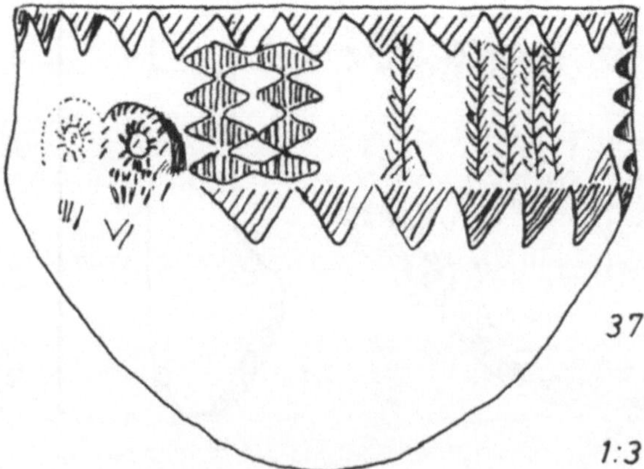

37

1:3

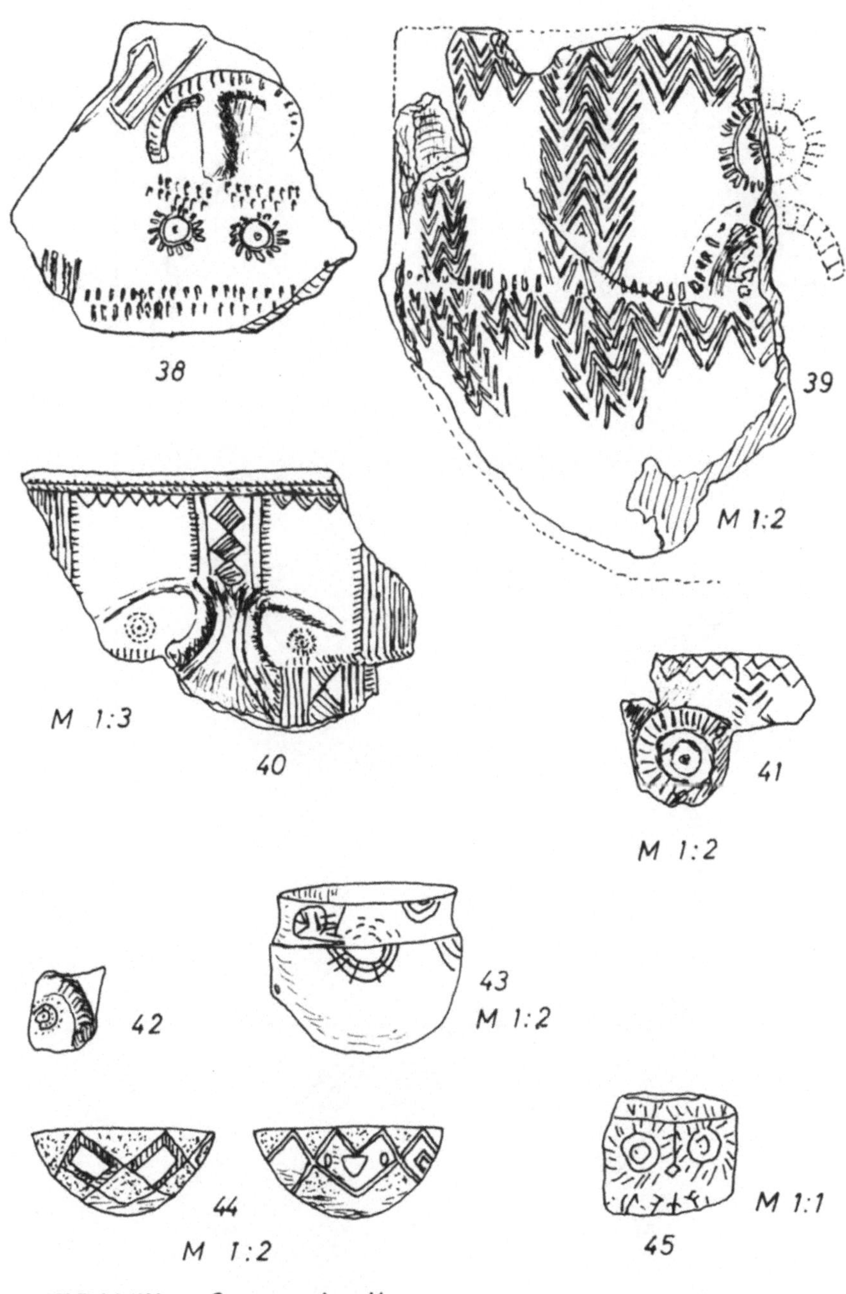

KERAMIK   Ganggrabzeit

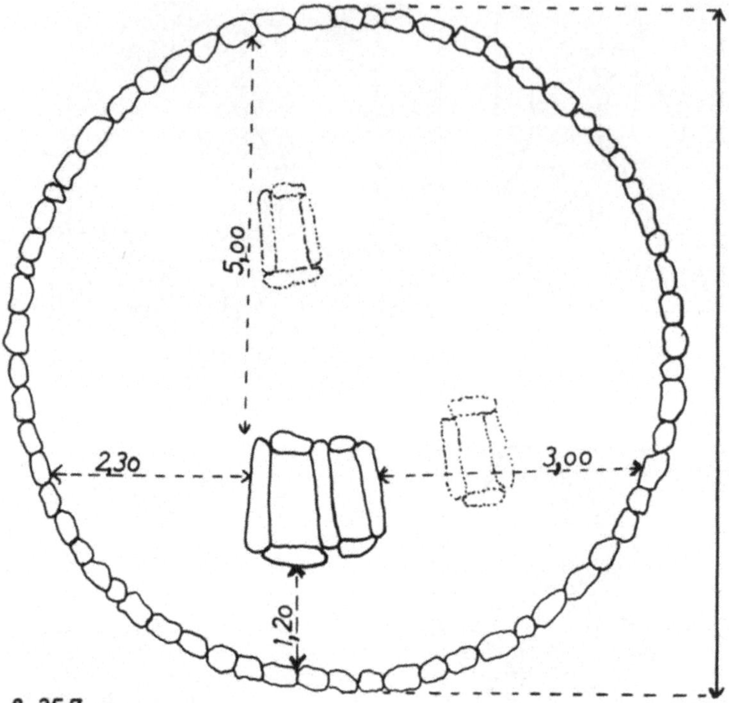

5,oo
230
3,oo
1,2o
8,257 m
kafr abîl in 'aǧlûn
46
- 16 NE
- 10 MY
M 1:7
47

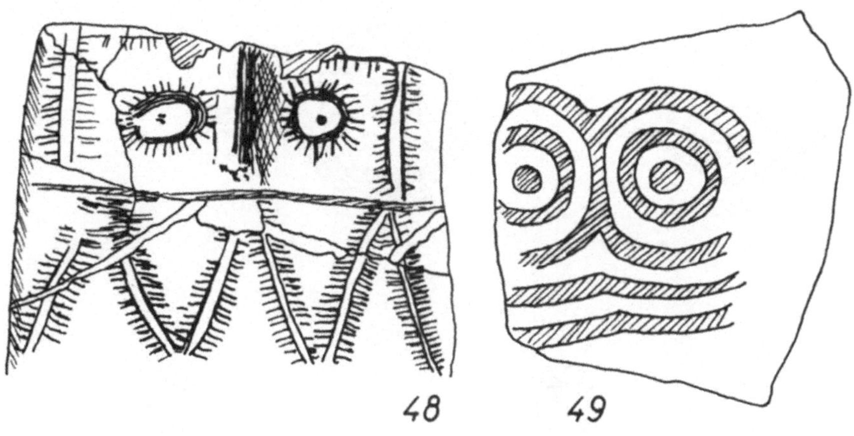

48   49

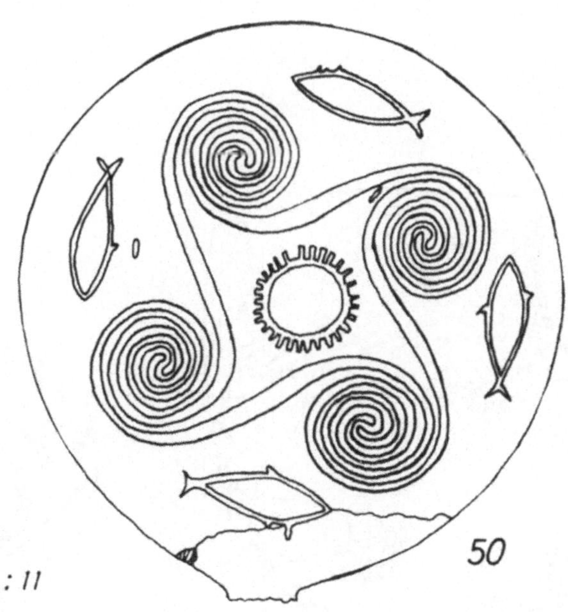

M 4 : 11

50

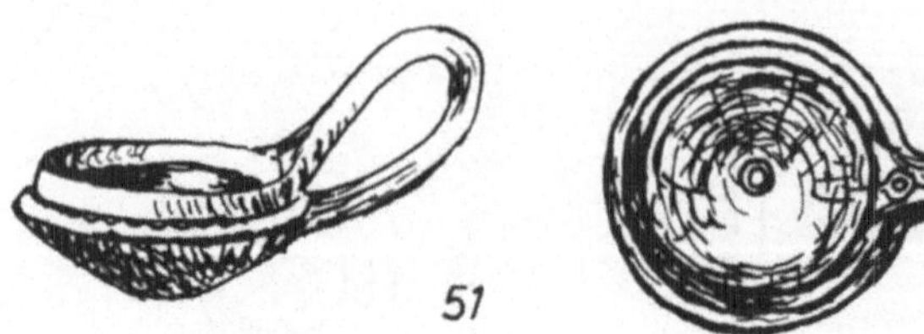

51

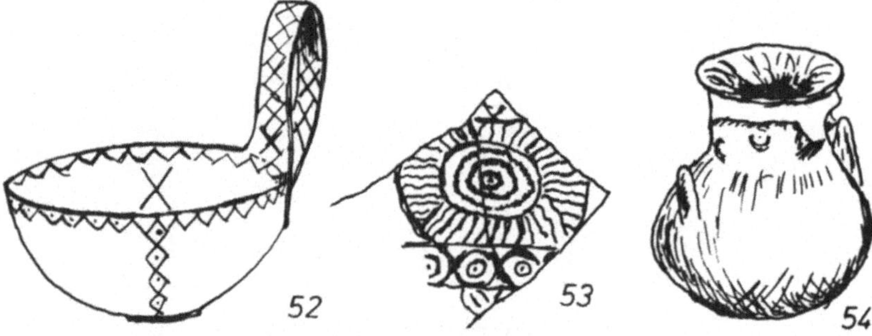

52   53   54

55

56

57

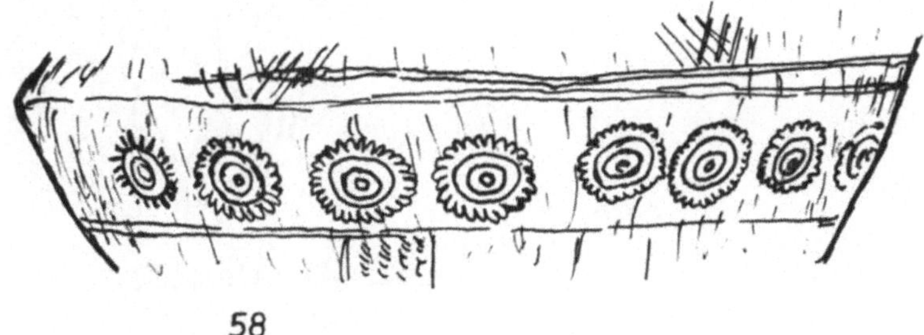

58

59

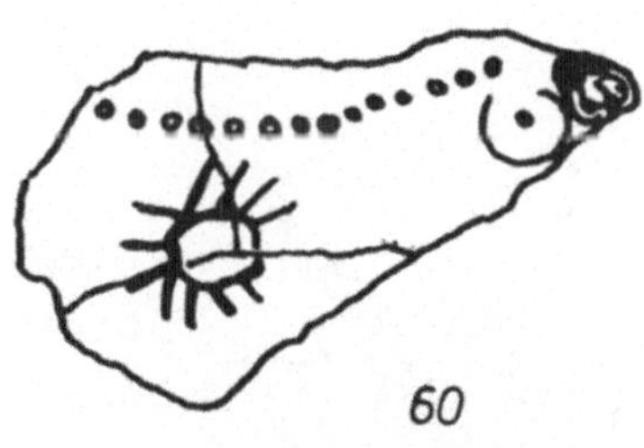

60

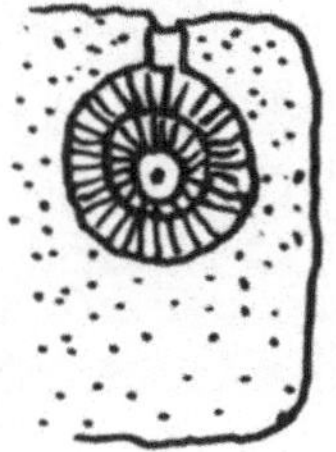

61

Tangesmünde
Knochen
M 1: 2

62

63

Alemtejo , Schiefer
M ≈ 1:1

Alemtejo
Schiefer
M ≈ 1:1

64

Schiefer
M 3: 4

65

Los Millares
Stein
M 1:4

66

Cypern
Tow

67

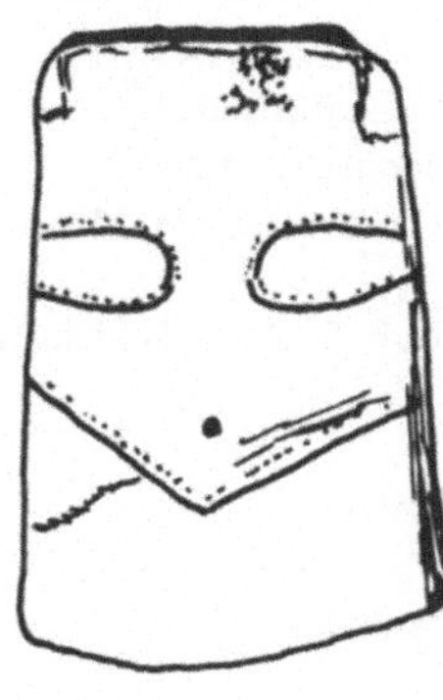

Knochen

Idolplatte von den Shetland-Inseln

68

Steinplatte
Hacilar VI

69

8.1 Abbildungsnachweis

1, 2:	*Glob*, Danske Oldsager, No. 133 und 134
3, 4:	*Thorvildsen*, Dyssetidensgravfund, Fig. 37 e und f
5:	*Neergard*, Ravsmykkerne
6, 9:	*Sylvest*, Årupggårdfundet
10, 12:	*Leisner*, Megalithgrab I, Alcala Grab 3, Tafel 79, 39—43
11:	*Leisner*, Megalithgrab I, Los Millares Grab 12, Tafel 11, No. 17
13:	*Madsen*, Antiquités préhistoriques du Danemark
14 — 16:	*Madsen*, Gravfund fra Stenalderen, XIV 26, XXI q, XX e
17, 18:	*Leisner*, Megalithgräber I, Los Millares, Grab 7, Tafel 12, Grab 4, Tafel 16
19, 20:	*Leisner*, Megalithgräber I, Los Millares, Grab 15, Tafel 20, Grab 37, Tafel 20
21:	*Leisner*, Megalithgräber I, Almizaraque, Tafel 155/1
22, 23:	*Leisner*, Megalithgräber I, Hoya de Conquil 40, Velez Blanco, Tafel 155
24:	*Leisner*, Megalithgräber II, Alentejo, Évora, Reguengos, Tafel 41
25:	*Leisner*, Megalithgräber III, Alentejo, Beja, Aljustel, Tafel 128
26:	*Leisner*, Megalithgräber I, Los Millares Grab 23, Tafel 22/3/6
27:	*Rosenberg*, Aarbøger 1929, Abb. 26, Baunehøj ved Kirke Helsinge, Seel.
28:	*Glob*, Vorzeitdenkmäler Dänemarks. Unmaßstäbliche Skizze nach Foto
29:	*Müller*, R., Der Himmel … Unmaßstäbliche Skizze nach Foto
30:	*Cles-Reden*, Die Spur der Zyklopen. Unmaßstäbliche Skizze nach Foto
31:	*Schuldt*, Das Ganggrab v. Katelbogen, Bodendenkm. Meckl. 1967, Abb. 78/1
32:	*Hollnagel*, Das Ganggrab v. Gaarzerhof, Bodendenkm. Meck. 1968, Abb. 78 b
33:	*Eberts* Reallexikon, Stichwort: Maße, S. 58 ff., nach *Unger*, PKOM 1 (1916)
34, 35:	*Glob*, Danske Oldsager, No. 178 und 179, No. 178 A 3812 Jaettestue Årby s. Arts. h., Holbaek a.; 179 A 24 732 Jaettestue Sinvø, Kjøng s., Hammer h., Praesto a.
36:	*Schwabedissen*, Germania **33**, 256—258 (1955), Abb. 2, Heidmoor
37:	*Müller*, S., Oldtids Kunst, Abb. 169 Jaettest. ved Gundestrup, Ods Herred
38:	*Nordman*, Nordiski Fortidsminder, Bd. II., S. 61, Abb. 61, Nörrgaerd
39:	*Müller, S.*, Oldtids Kunst, Abb. 174 Jaettest. ved Udby, Arts Herred
40:	*Montelius*, Minnen från vår Forntid, S. 45, No. 751, Åsahogen
41, 42:	*Sprockhoff*, Nord. Megalithkultur, Tafel 38, Ziesendorf/Rostock
43, 44:	*L'Helgouach*, Megalith. en Armorique, S. 104 und 107, Moulin du Sad und Mané — Rémor
45:	*Schrickel*, Westeurop. Elemente …, Teil I, S. 116, Abb. 95 Assur Schicht G.
46:	*Eberts* Reallexikon 1927, Stichwort: Megalithik
47:	*Albright*, Archaeology of Palestine, S. 75, Abb. 4
48:	*Anati*, Palestine before the Hebrews. Azor bei Tel Aviv.
49:	*Anati*, Palestine before the Hebrews. Antioch
50:	*Beest-Holle*, Welt und Kulturgeschichte. Kykladenpfanne

51:        *Sprockhoff*, Ein Grabfund ... von Oldendorf
52:        *Piggot*, Die Welt aus der wir kommen, S. 169; 31
53:        *Piggot*, Die Welt aus der wir kommen, S. 247; 47
54:        *Piggot*, Die Welt aus der wir kommen, S. 168; 27
55:        *Natzmer, G. v.*, Die Kulturen der Vorzeit, Berlin 1955, S. 106
56:        *Bernabo Brea*, Sicily. Tafeln, Abb. 12
57:        *Bernabo Brea*, Sicily. Tafeln, Abb. 14
58:        *Bernabo Brea*, Sicily. Tafeln, Abb. 73
59:        *Franz Weninger*, Die Funde ... im Mondsee; Attersee
60:        *Christian*, Altertumskunde des Zweistromlandes
61:        *Christian*, Altertumskunde des Zweistromlandes
62:        *Sprockhoff*, Handbuch der Urgeschichte Deutschlands, Tafel 56/13
63:        *Savory*, Spain and Portugal, Tafel 19 c
64:        *Savory*, Spain and Portugal, Tafel 19 f
65:        *Savory*, Spain and Portugal, Fig. 53 j
66:        *Savory*, Spain and Portugal, Fig. 24 j
67:        *Kühn*, Die Kunst Alteuropas, 1954, S. 74, Fig. 53/2
68:        *Cles-Reden*, Die Spur der Cyclopen, S. 278
69:        *Mellaart, J.*, Earliest civilizations of the near east, London 1965, S. 107

9 Literatur

Anon, Excavations at Harappa, India archaeological survey 1940, S. 365 ff.
Ahrens, D., Metrologische Beobachtungen am „Apoll von Tenea", Jahresh. des Österr. Archäol. Inst. **49**, 117—131 (1972), Beiblatt
Aitchison, L., A History of metals, 2 Vols., New York 1960
Albright, W. F., The archaeology of Palestine, Middlesex 1961
Aldred, C., Gott-Könige besteigen den Thron, Die Welt aus der wir kommen, S. 97—132, Köln 1962 (a)
Aldred, C., Ägypten, S. 57—58, Köln 1962 (b)
Anati, E., Palestine before the Hebrews, New York 1963
Anderson, S. E., Fletcher, E. S., The inverse Stonehenge problem, Current Anthropology **9**, 316—318 (1968)
Angell, I. O., Are stone circles circles? Science and archaeology **19**, 16—19 (1977)
Angell, I. O., Barber, J., An algorithm for fitting circles and ellipses to Megalithic stone rings, Science and archaeology **20**, 11—16 (1977)
Arnal, J., Burnez, C., Die Struktur des französischen Neolithikums auf Grund neuester stratigraphischer Beobachtungen, 37./38. Bericht der RGk 1956/57, S. 1—90
Atkinson, R. J. C., Stonehenge,Pelican book, Middlesex 1960
Atkinson, R. J. C., Moonshine on Stonehenge, Antiquity **40**, 212—216 (212—253) (1966)
Atkinson, R. J. C., Ancient astronomy: unwritten evidence, Neolithic science and technology, Phil. Trans. Roy. Soc. Lond. A **276**, 123—131 (1974)
Atkinson, R. J. C., Interpreting Stonehenge, Nature **265**, 11 (1977)
Badawy, A., Ancient Egyptian architectural design, California 1965
Baier, W., Das Meter der Steinzeit, Frankfurter Rundschau 18 vom 22.1.1977
Bailey, M. E., Cooke, J. A., Survey of three megalithic sites in Argyllshire, Nature **253**, 431—432 (1975)
Bailloud, G., Mieg de Boofzheim, P., Les civilisation néolithiques de la France dans leur contexte Européen, Paris 1955
Barrois, Manuel d'archéologie biblique, I, Paris 1939. II, Paris 1953, S. 243—258
Bauer, H., Der Ursprung des Alphabets, Der alte Orient **36**, 5—45 (1937)
Beach, A. D., Stonehenge I and lunar dynamics, Nature **265**, 17—21 (1977)
Beale, T. W., Early trade in highland Iran: a view from source area, World archaeology **5** (2), 133—148 (1973)
Beest-Holle, G. D. R. v., Welt- und Kulturgeschichte, Baden-Baden 1970
Binder-Hagelstange, U., Ägypten, Olten 1966
Binding, G., Janssen, W. et al., Burg und Stift Elten, Rheinische Ausgrabungen **8**, 37 (1970), Abb. 12 und 8, 227 (1970), Abb. 65/73 b
Boardman, J., The Cretan collection in Oxford, Oxford 1961, S. 130 und Tafel XXXV
Borchard, L. et al., Geschichte der Zeitmessung und der Uhren, Berlin 1920
Bossert, E.-M., Zur Datierung der Gräber von Arkesine auf Amorgos, Festschrift für *P. Goessler*, 1954
Bracker, J., Ein ausgefallener „Zollstock" — etwa der Ubier? Kölner Römerillustrierte 1, 31 (1974)
Brandis, J., (Geschichte von Maßen und Gewichten) 1866
Brea, Bernabo L., Alt-Sizilien, Köln 1958
Brea, Bernabo L., Sicily before the Greecs, London 1966
Brinckerhoff, R. F., Astronomically-oriented markings on Stonehenge, Nature **263**, 465—469 (1976)
Broadbent, S. R., Quantum hypothesis, Biometrika **42**, 45—57 (1955)
Broadbent, S. R., Examination of a quantum hypothesis based on a single set of data, Biometrika **43**, 32—44 (1956)
Brøndsted, J., Nordische Vorzeit, Bd. I, Neumünster 1960, S. 137 und 270
Burenhult, G., Langdös Vid Hintby Mosse, Malmö, Malmö 1973, S. 86
Burgess, C., British prehistory, *C. Renfrew* edit., London 1974
Childe, V. G., New light on the most ancient east, London 1969
Christian, Altertumskunde des Zweistromlandes, Leipzig 1940

Cles-Reden, S., Die Spur der Zyklopen, Köln 1960, Abb. 111

Cole, I. H., Determination of the exact size and orientation of the Great Pyramid at Gizeh, Survey of Egypt, Paper No. 39, 1926

Cottrell, L., The Penguin book of lost worlds, Vol. I, Middlesex 1966

Cowan, T. M., Megalithic rings: Their design construction, Science **168** No. 3929, 321–324 (1970)

Crawford, H. E. W., Mesopotamia's invisible exports in the third millennium BC, World Archaeology **5** (2), 232–241 (1973)

Crawford, I. A., Switsur, V. R., Initial verification of an extended C 14/TL correlative programme — multi-disciplinary implications, Paper presented at the 1974 Archaeometry Symposion

Culican, W., In: Die Welt aus der wir kommen, Köln 1961, S. 134, *St. Piggott* edit.

Dally, C. W., Was there a neolithic yard? Science and archaeology **10**, 7–8 (1973)

Daniel, G., The megalithic builders of western Europe, 1958

Dehnke, R., Neue Funde und Ausgrabungen im Raum Rotenburg (Wümme), Band 1, Rotenburg 1970

Delaporte, L., Mesopotamia 1925, reprint London 1970

Della Corte, M., Groma, Mon. Antichi d. R. Acc. dei Liucei, Vol. XXVIII und Buch: Rom 1922

Dinsmoor, W. B., The architecture of ancient Greece, London 1902, 2. Aufl., S. 337–340

Dinsmoor, W. B., Atti del 7. Congresso Intern. die Archeologia 1, 358 ff. (1961)

Doblhofer, E., Voices in stone, London 1961

Dörpfeld, W., Beiträge zur antiken Metrologie, Athener Mitteil. VII (1882) und XV (1890)

Driehaus, J., Die Altheimer Gruppe, 1960

Edgerton, M. E., New light on an old riddle: Stonehenge, National Geographic **117** (6), 846–866 (1960)

Emery, W. B., Archaic Egypt, Middlesex 1961

Evans, J. D., Malta, Köln 1963

Falkenstein, A., Die Ur- und Frühgeschichte des alten Vorderasiens, Fischer Weltgeschichte, Bd. 2, Kap. 1, S. 13–56

Feldhaus, F. M., Die Technik der Vorzeit, der geschichtlichen Zeit und der Naturvölker, München 1965, Spalte 961–963 „Maße"

Forrer, R., Urgeschichte des Europäers von der Menschwerdung bis zum Anbruch der Geschichte, Stuttgart 1908, S. 362–364, Abb. 273

Forssander, J. E., Der ostskandinavische Norden während der ältesten Metallzeit Europas, 1936

Fox, A., South west England, London 1973

Franz, L., Weninger, J., Die Funde aus den prähistorischen Pfahlbauten im Mondsee, Wien 1927

Gaertringen, Hiller v., Thera, Untersuchungen, Vermessungen und Ausgrabungen in den Jahren 1895–1902, Berlin 1899–1904

Giot, P. R., Menhirs et Dolmes, Monuments mégalithiques de Bretagne, Chataulin 1957

Giot, P. R., Brittany, London 1960, S. 210, Anm. 11 und 12

Glob, P. V., Danske Oldsager, II Yngere Stenalder, Kopenhagen 1952, Abb. 178 und 179

Glob, P. V., Vorzeitdenkmäler Dänemarks, Neumünster 1968

Graham, J. W., The Minoan unit of length and Minoan palace planning, American Journal of Archaeology **64**, 335–341 (1960)

Graham, J. W., The palaces of Crete, Princeton 1962

Gruben, G., Das archaische Didymaion, Jahrbuch des Deutschen Archäologischen Instituts **78**, 84 (1963), Anm. 12

Haag, H., Bibel-Lexikon, Tübingen 1968, Anhang II

Hammerton, M., The megalithic fathom: a suggestion? Antiquity **45**, 302 (1971)

Hawkes, J., God in the machine, Antiquity **41**, 174–180 (1967)

Hawkins, G. S., Stonehenge decoded, Nature **200**, 306 (1963)

Hawkins, G. S., Stonehenge, a neolithic computer, Nature **202**, 1258–1261 (1964)

Hawkins, G. S., White, J. B., Stonehenge decoded, New York 1965																(a)

Hawkins, G. S., Sun, moon, men and stones, American scientist **53**, 391–408 (1965)				(b)

Hawkins, G. S., Callanish, a Scottish Stonehenge, Science **147**, 127–130 (1965)				(c)

Hawkins, G. S., Rosenthal, S., 5000-year star catalog, Smithsonian Contr. Astrophys. 1967

Hawkins, G. S., Beyond Stonehenge, London 1973   (a)
Hawkins, G. S., Astronomical alinements in Britain, Egypt and Peru, Phil. Trans. R. Soc. London A276, 157–167 (1973)   (b)
Hecht, K., Maß und Zahl in der gotischen Baukunst, 3 Bde., Abhandl. der Braunschw. Wissenschaftl. Gesellsch. **21**, 215–326 (1969); **22**, 105–263 (1970); **23**, 25–236 (1971)
Heggie, D. C., Megalithic lunar observatories: an astronomers view, Antiquity **46**, (181), 43–48 (1972)
Heinimann, F., Maß, Gewicht, Zahl, Museum Helveticum **32** (3), 183–197 (1975)
L'Helgouach, J., Les sépultures megalithiques du Amorique, Rennes 1965, S. 104, 4; 107, 10
Helm, R., Maßverhältnisse vorgeschichtlicher Bauten, Germania **30**, 69–76 (1952)
Henshall, A.S., Scottish chambered tombs and long mounds, in: British Prehistory, London 1974, *Renfrew* edit.
Herity, M., Irish passage graves, Dublin 1974
Herodot, Historien, Kap. 149
Hirth, W., Die Ruinenstätte von Tiahuanaco, Antike Welt **9** (1), 21–35 (1978)
Höckmann, O., Zu Formenschatz und Ursprung der schematischen Kykladenplastik, Berl. Jahrb. f. Vor- u. Frühgeschichte **8**, 45–76 (1968)
Höckmann, O., Die Kunst der Kykladen, Karlsruhe 1976
Hollnagel, A., Das Ganggrab von Gaarzerhof, Kreis Doberau, Bodendenkmalpflege in Mecklenburg 1968, S. 101–119; S. 108, Abb. 78 b
Holzhausen, H., Rottländer, R., The origin of standardization (Standardization IV), Archaeometry **12** (2), 189–195 (1970)
Homer, Odysse, 17. Buch, Vers 341 und 385; 21. Buch, Vers 44 und 121; 23. Buch, Vers 197
Hood, M. S. F., Heimat der Helden, in: Die Welt aus der wir kommen, Köln 1961
Hood, S., An early oriental cylinder seal impression from Romania? World Archaeology **5** (2), 187–197 (1973)
Hoepfner, W., Das Grabmonument des Pythagoras aus Selymbria, Mitt. d. Dtsch. Arch. Instituts, Athen. Abt. Bd. **88**, 145–163 (1973)
Hopmann, J., Die Ortung der Externsteine, Mannus **26**, 143–153 (1934)
Hopmann, J. Methodisches zur vorgeschichtlichen Sternenkunde, I. Haus Gierke, Mannus **26**, 261–289 (1934)
Hopmann, J., Methodisches zur vorgeschichtlichen Sternenkunde, II. Die Heiligen Linien, Mannus **27**, 373 (1934)
Hoyle, F., Stonehenge, an eclipse predictor, Nature **211**, 454–456 (1966)   (a)
Hoyle, F., Speculations on Stonehenge, Antiquity **40**, 262–276 (1966)   (b)
Hoyle, F., Hoyle on Stonehenge: some comments, Antiquity **41**, 91–98 (1967)
Hoyle, F., On Stonehenge, San Francisco 1977
Hübner, J., Natur-, Kunst-, Berg-, Gewerk- und Handlungs-Lexicon, Leipzig 1792
Hultsch, F., Griechische und römische Metrologie, Berlin 1882
Hussong, L., Ein Brandgrab mit Bronzemaßstab um 300 n. Chr., Oxé – Festschrift 1938, S. 147–152; S. 149/50 Abb. 2 und 3
Hyginus, De conditione agrorum, Edition *C. Thulin*, S. 86.10
Iskander, Z., Badawy, A., Brief history of ancient Egypt, Cairo 1965
Junghans, S., Sangmeister, E., Schröder, M., Metallanalysen kupferzeitlicher und frühbronzezeitlicher Bodenfunde aus Europa, Berlin 1960
Kaiser, W., Ägyptisches Museum Berlin, Berlin 1967, Katalog-Nr. 561
Kendall, D. G., Hunting quanta, Phil. Trans. R. Soc. London A 276, 231–266 (1974)
Kersten, K., Zur älteren nordischen Bronzezeit, Neumünster 1936
Kjaerum, P., Tempelhus fra Stenalderen, Kuml 1955
Kjaerum, P., Storstensgrave ved Tustrup, Kuml 1957
Knöll, H., Die nordwestdeutsche Tiefstichkeramik, Münster 1956
Kohl, G., Quitta, H., Radiocarbondaten archäologischer Proben, I. Ausgrabungen und Funde **8**, 281–301 (1963)
Körte, K., Die Orgel von Winchester, Kirchenmusikalisches Jahrbuch **57**, 1–24 (1973)
Kottmann, A., Das Geheimnis romanischer Bauten, Stuttgart 1971
Krause, W., Herodot-Historien, Goldmanns Taschenbücher 452 (1958), S. 193, Anm. 32
Kühn, H., Vorgeschichte der Menschheit: Neusteinzeit, Köln 1963
Kühn, H., Wenn Steine reden, Wiesbaden 1966

Lamb, H. H., Climate, vegetation and forest limits, Phil. Trans. R. Soc. London A **276**, 195–230 (1974)

Lamberg-Karlowsky, C. C., Lamberg-Karlowsky, M., An early city in Iran, Scientific American **224** (6), 102–111 (1971)

Lancaster-Brown, P., Megaliths, myths and men: an introduction to astro-archaeology, Dorset 1976

Leisner, G., Leisner, V., Die Megalithgräber der Iberischen Halbinsel, Berlin 1943

Leisner, G., Leisner, V., Die Megalithgräber der Iberischen Halbinsel, Der Westen 2, Berlin 1959

Leisner, V., Die Megalithgräber der Iberischen Halbinsel, Der Westen 3, Berlin 1965

Lepsius, Die altägyptische Elle und ihre Einteilung, 1865

Lissner, I., So habt ihr gelebt, Freiburg 1955

Lucas, A., Rowe, A., Ancient Egyptian measures of capacity, Annales du Service des Antiquités de l'Egypte, Tome XL 69–92 (1940)

Luce, J.V., Atlantis, Berg.-Gladbach 1969

MacKie, E. W., Prehistoric astronomical sites in Scotland, Phil. Trans. R. Soc. Lond. A **276**, 169–194 (1974)

Madsen, A. P., Antiquités préhistoriques du Danemark, Kopenhagen 1872

Madsen, A. P., Gravfund fra Stenalderen i Danmark; Det østlige Danmark, Kopenhagen 1896

Mallowan, M. E. L., Excavations at Brak and Chager Bazar, Syria, Iraq IX (1947): Twenty-five years of Mesopotamian discovery, London 1956, S. 24–38

Mallowan, M. E. L., Geburt der Schrift – Geburt der Geschichte, in: Die Welt aus der wir kommen, Köln 1962, S. 65–96

Marinatos, S., Excavations at Thera II (1968 Season), Athens 1969

Marinatos, S., Die Ausgrabungen auf Thera und ihre Probleme, Wien 1973, Sitzungsberichte **287**, Bd. 1

Milojčić, V., Die Tontafeln von Tărtăria und die absolute Chronologie des mitteleuropäischen Neolithikums, Germania **43**, 261–268 (1965)

Mönnich, A., Das Augenmotiv, Berliner Blätter für Vor- und Frühgeschichte **10**, (3/4), 115–123 (1963)

Montelius, O., Minnen från vår forntid, Stockholm 1917, S. 45

Müller, R., Die astronomische Bedeutung des Mecklenburgischen Steintanzes, Prähistorische Zeitschrift **22**, 197 (1931)

Müller, R., Zur Frage der astronomischen Bedeutung der Steinsetzung von Odry, Mannus **26**, 289–309 (1934)

Müller, R., Himmelskundliche Ordnung auf nordisch-germanischem Boden, Leipzig 1936

Müller, R., Ergebnisse einer Vermessung vorgeschichtlicher Grabhügel auf der Insel Sylt, Mannus **31**, 76 (1939)

Müller, R., Der Himmel über dem Menschen der Steinzeit, Berlin 1970

Müller, S., Oldtids Kunst i Danmark, Kopenhagen 1918, Abb. 174

Muhly, J. D. Copper and tin, Connecticut 1973

Myers, O. H., Shorter units of length, Antiquity **40**, 230–232 (1966)

Naber, F. B., Metrologische Betrachtungen zum Grabfund von Vix. Bonner Hefte zur Vorgeschichte **18** (1978) 361–394

Nagel, W., Vordynastisches Keramikum, Berliner Jahrbuch für Vor- und Frühgeschichte **4**, 1–74 (1964)

Neergard, C., Ravsmykkcre i Stenalderen, Aarbøger for nordisk Oldkyndighed og Historie 3, 281–298 (1888)

Newham, C. A., The astronomical significance of Stonehenge, Leeds 1972

Nordman, C. A., Nordiske Fortidsminder, 2 Bde., S. 1915–1935; Bd. 2, S. 67, Fig. 23

Nowotny, E., Groma, Germania **7**, 23–29 (1923)

Nowotny, E., Metrologische Nova, Klio **24**, 247–297 (1931)

Oppert, J., Asiatique **20**, 157–177 (1872)

Oppert, J., Asiatique **40**, 417–486 (1874)

Ottaway, B., An analysis of cultural relations in neolithic north-central Europe based on copper ornaments, in: The explanation of cultural change, 1973, S. 609–616, *C. Renfrew* edit.

Otto, H., Witter, W., Handbuch der ältesten vorgeschichtlichen Metallurgie in Mitteleuropa, 1952

Ozols, J., Die Bootaxt- und die Spätkammkeramische Kultur, Commentationes Balticae 16, Bonn 1972

Paulsen, H., The cubit-remen applied to the geometry of the Cheops Pyramid, Acta Archaeologica 1969, S. 185—200

Petersen, E., Geschweifte Bronzemesser in Schlesien, Altschlesien 3, 205—227 (1931)

Perrot, J., Israel exploration Journal 8, 133 (1958)

Perrot, J., Israel exploration Journal 9, 266 (1959)

Petrie, F., Measures and weight, London 1934

Pichler, H., Schiering, W., The Thera eruption and Late Minoan — I B destructions on Crete, Nature 267, 819—822 (1977)

Piggot, S., Die Welt aus der wir kommen, Köln 1962

Posnansky, A., Eine prähistorische Metropole in Südamerika, Berlin 1914, S. 108, 110, 11, 112

Quitta, H., Zur Frage der ältesten Bandkeramik in Mitteleuropa, Prähistorische Zeitschrift 38, 1—38, 153—188 (1960)

Ramin, J., Le Problème des Cassitérides, Paris 1965

Ramsbög, H., Stromberg, M., Die Megalithgräber von Hagestad, Acta Archaeologica 9, 126, Abb. 75 c (1971)

Reith, W. S., Contributions to discussion, Phil. Trans. Roy. Soc. London A 276, 270—271 (1974)

Renfrew, C., Colonialism and Megalithismus, Antiquity 41, 276—288 (1967)

Renfrew, C., Wessex without Mycene, Ann. Brit. School Arch. Athens 63, 277—285 (1968)

Renfrew, C., Carbon 14 and the prehistory of Europe, Scientific American 225, 63—75 (1971)   (a)

Renfrew, C., Sitagroi, radiocarbon, and the prehistory of southeast Europe, Antiquity 45, 275—282 (1971)   (b)

Rieman, Gnomon 31, 311 (1959)

Riemschneider, M., Augengott und heilige Hochzeit, Leipzig 1953

Rohrbach, R., Kalenderblätter 1974, Dotternhausen 1974

Rollando, Y., La préhistoire du Morbihan, Vannes 1971

Rosenberg, G., Nye Jaettestuefund, Aarbøger 19, 189—262 (1929), S. 225, Abb. 26

Rottländer, R., Is Provincial-Roman pottery standardized? (Standard. I) Archaeometry 9, 76—91 (1966)

Rottländer, R., Function of the decorative collar on form Drag 38, (Standard. II), Archaeometry 10, 35—46 (1967)

Rottländer, R., The average total shrinking rate and the bills of La Graufesenque (Standard. III), Archaeometry 11, 159—164 (1969)

Rottländer, R., Zur Aufbereitung scheibengedrehter Keramik für die elektronische Datenverarbeitung, (Standard. V), Archäographie II, 79—92 (1971)

Rottländer, R., Das X-Motiv — Ornament oder Merkmal? Kölner Jahrbuch für Vor- und Frühgeschichte 12, 94—109 (1971)

Rottländer, R., Mathematische Beziehungen einiger antiker Maßsysteme zueinander, Mitt. der Berliner Ges. für Anthropologie, Ethnographie und Urgeschichte 2 (3), 168—172 (1973)

Rottländer, R., Der Bernstein, Acta praehistorica et archaeologica 4, 11—32 (1973)

Rottländer, R., On the mathematical connections of ancient measures of length. Acta Praehistorica et Archaeologica 7/8 (1976/77) 49—51

Roux, G., Ancient Iraq, Middlesex 1964

Ruggles, C., Megalithic observatories: a critique, New Scientist 71, 1018 (1976)

Sankalia, H. D., The prehistory and protohistory of India and Pakistan, Poona 1974

Savory, H. N., Spain and Portugal, London 1968

Scamuzzi, E., Historical comments about some cubits preserved in the Egyptian Museum of Turin, La rivista RIV 11, 18—22 (1961) oder

Scamuzzi, E., Notizie storiche su alcuni cubiti esistenti presso il Museo Egizio di Torino, La rivista RIV 11, 18—22 (1961)

Schabus, J., Grundzüge der Physik, Wien 1873

Schachermeyr, F., Ägäis und Orient, Wien 1967

Schliz, A., Die Systeme der Stichverzierung und des Linienornaments, Prähistorische Zeitschrift 2, 105—144 (1910)

Schlott, A., Die Ausmaße Ägyptens nach altägyptischen Texten, Dissertation Tübingen 1969

Schoppa, H., Ein kleinasiatisches Idol aus dem Regierungsbezirk Wiesbaden, V. Internat. Kongr. Hamburg 1958, Berlin 1961, S. 734—735

Schrickel, W., Westeuropäische Elemente im Neolithikum und in der frühen Bronzezeit Mitteldeutschlands, Leipzig 1957, S. 116, Abb. 95

Schuchardt, C., Die Steinalleen in der Bretagne. Prähistorische Zeitschrift **32/33**, 305—315 (1941/42)

Schuldt, E., Das Ganggrab von Katelbogen, Kreis Bützow, Bodendenkmalpflege in Mecklenburg 1967, S. 79—103; S. 95, Abb. 78

Schwabedissen, H., Siedlung Heidmoor, Gem. Berlin, Kr. Segeberg, Germania **33**, 256—258 (1955)

Segrè, A., A documentary analysis of ancient Palestinian units of measure, Journal of Biblical literature **64**, 357—375 (1945)

Senigalliesi, D., Metrological examination of some cubits preserved in the Egyptian Museum of Turin, La rivista RIV **11**, 23—52 (1961)

Siret, L., Questions de chronologie et d'ethnographie Ibériques, Paris 1913

Skinner, F. G., Measures and weights, History of technology I, 744 ff. (1957)

Skinner, F. G., Weights and measures, London 1967

Smith, Sidney, Alalakh and chronology, London 1940

Sprockhoff, E., Die nordische Megalithkultur, Berlin und Leipzig 1938

Sprockhoff, E., Ein Grabfund der nordischen Megalithkultur von Oldendorf, Krs. Lüneburg, Germania **30**, 164—174 (1952)

Stroh, A., Die Rössener Kultur in Südwestdeutschland, 28. Bericht der RGK 1938, Tafel 5

Stürup, B., En ny Jordgrav fra tidlig-neolitisk tid, Kuml 1965, S. 13—22

Sylvest, B., Sylvest, I., Arupgårdfundet, Kuml 1960, S. 9—25

Thom, A., The solar observatories of Megalithic man, J. Br. astr. Ass. **64**, 397 ff. (1954)

Thom, A., A statistical examination of the Megalithic sites in Britain, J. R. statist. Soc. A **118**, 275 (1955)

Thom, A., The geometry of Megalithic man, Math. Gaz. **45**, 83—93 (1961)   (a)

Thom, A., The egg-shaped standing stone rings of Britain, Arch. int. Hist. Sci. **14**, 291 (1961)   (b)

Thom, A., The Megalithic unit of length, J. R. statist. Soc. A **125**, 243 (1962)

Thom, A., The larger units of length of Megalithic man, J. R. statist. Soc. A **127**, 527 (1964)

Thom, A., Megalithic astronomy: indications in standing stones, Vistas in Astronomy 7, 1 ff. (1966)   (a)

Thom, A., Megaliths and mathematics, Antiquity **40**, 121—128 (1966)

Thom, A., Megalithic sites in Britain, Oxford 1967

Thom, A., Prehistoric observatories, New Scientist 4, Apr. 1968   (a)

Thom, A., The metrology and geometry of cup and ring marks, Systematics **6**, 173—189 (1968)   (b)

Thom, A., The lunar observatories of Megalithic man, Vistas Astr. **11**, 1 ff. (1969)   (a)

Thom, A., The geometry of cup and ring marks, Trans. ancient monument Soc. **16**, 77 (1969   (b)

Thom, A, Megalithic lunar observatories, Oxford 1971

Thom, A., Astronomical significance of prehistoric monuments in western Europe, Phil. Trans. R. Soc. London A **276**, 149—156 (1974)

Thom, A., Thom, A. S., The astronomical significance of the large Carnac menhirs, Journ. Hist. Astr. **2**, 147—160 (1971)

Thom, A., Thom, A. S., The Carnac Alignements, Journ. Hist. Astr. **3**, 11—26 (1972)   (a)

Thom, A., Thom, A. S., The uses of the alignements at Le Menec, Carnac. Journ. Hist. Astr. **3**, 151—164 (1972)   (b)

Thom, A., Thom, A. S., A Megalithic lunar observatory in Orkney: The ring of Borgar and its cairns, Journ. Hist. Astr. **4**, 111—123 (1973)   (a)

Thom, A., Thom, A. S., The Kerlescan cromlechs, Journ. Hist. Astr. **4**, 168—173 (1973)   (b)

Thom, A., Thom, A. S., A Megalithic lunar observatory in Islay, Journ. Hist. Astr. V (1975)

Thorvildsen, K., Dyssetidens Gravfund i Danmark, Aarbøger 1941, S. 22—88

Thureau-Danging, F., Numération et Métrologie Sumériennes, Revue d'assyriologie et d'Archéologie Orientale **18**, 123 (1921)

Trinquet, J., Supplément au Dictionaire de la Bible V, S. 1212—1250

Unger, E., Die Nippurelle, Publikationen der Kais. Osman. Museen, Konstantinopel 1916
Unger, E., Stichwort: Maße in *Eberts* Reallexikon, Bd. VIII, S. 58 (1927)
Vogel, J. C., Remarks on the C 14 method, in: *Bakker, J. A., Vogel, J. C., Wiślański, T.*: TRB and other 14 C dates from Poland, Helinium 9, 26 (1969)
Walden, P., Maß, Zahl und Gewicht in der Chemie der Vergangenheit, Stuttgart 1931, S. 13
Weigall, A., Weight and Balances, Caire 1908
Werner, J., Waage und Geld in der Merowingerzeit, München 1954, S. 13
Wheeler, M., Alt-Indien und Pakistan, Köln 1959
Wheeler, N. F., Pyramides and their purpose (3 parts), Antiquity 9, 1 ff. (1935)
Williamson, Megalithic units of length, Journal of archaeological science 1, 381−382 (1974)
Wolf, W., Die Welt der Ägypter, Suttgart 1955, Tafel 86

Sachwortverzeichnis